KB232634

엄마의 말투가 바뀌면
아이 뇌는
기적이 일어난다

40년 현장 경험과 뇌과학으로 밝혀낸 '따뜻한 말투'의 힘!

엄마의 말투가 바뀌면 아이 뇌는 기적이 일어난다

HeartBrain Philosophy

하은 지음

나비의 활주로

교육 현장에서 긴 시간, 아이들과 함께해온 하은 박사가 발견한 중요한 통찰이 있다. 부모와 교사의 말투가 아이의 뇌 발달에 의미 있는 영향을 미친다는 것이다.

원장실에서, 강의실에서, 그리고 연구실에서 수천 명의 아이들과 부모들을 만나며 하은 박사는 하나의 흥미로운 패턴을 발견했다. 따뜻하고 일관성 있는 말을 듣고 자란 아이들이 보다 안정적인 발달 양상을 보인다는 것이었다. 이러한 관찰과 연구를 바탕으로 '하트브레인 철학HeartBrain Philosophy'이 탄생했다.

하트브레인 철학의 핵심은 간단하지만 의미가 깊다. 아이의 두뇌 발달, 감정 형성, 그리고 양육자의 언어가 서로 연결되어 상호작용한다는 것이다. 우리가 아이에게 건네는 한마디 한마디가 단순한 소통을 넘어, 아이의 뇌 발달과 감정 형성에 중요한 역할을 할 수 있다는 뜻이다.

이 책은 흔한 육아 지침서와는 다르다. 현장에서 직접 확인한 생생한 사례들과 뇌과학 연구 결과가 만나 탄생한 실용적 가이드다. 부모뿐만 아니라 교사, 그리고 아이들과 함께하는 모든 어른들에게 도움이 되는 지식을 담고 있다.

말보다 깊은 사랑,
뇌로 전해지는 부모의 마음

첫 교실에서 만난 놀라운 발견

처음 교실에 들어섰을 때, 나는 어떤 교육학 책에서도 찾을 수 없는 통찰과 마주했다.

신학기 첫 주, 3세 아이가 대그룹 활동 시간에 바닥에 누워 몸을 이리저리 움직이고 있었다. "우리 민수는 선생님 이야기를 누워서 듣고 싶어요?" 아이는 반응 없이 계속 누워 있었다. 신나는 율동 음악을 틀자 아이는 친구들과 함께 참여했지만, 음악이 끝나자마자 다시 누웠다. "민수야, 누워 있으면 친구들 손이 부딪칠 수 있어요. 앉아 볼까요?" 내가 아이 몸을 일으키려 하자, 갑자기 큰 소리로 화를 냈다. "내가 지금 물 먹고 싶은 거 몰라?"

그 순간 나는 깨달았다. 이 아이는 말썽을 부리는 게 아니라 자신의 욕구를 표현할 언어를 몰랐던 것이다. "아! 물이 먹고 싶구나. 그럴 때는 민수 마음을 선생님에게 친절하게 말해줘야 도움을 줄 수 있어요. '선생님, 목이 말라요. 물을 먹고 싶어요.' 이렇게 말하는 거예요."

또 다른 아이 다섯 살 준민이는 하루 종일 울며 "엄마 보고 싶어요."
만 반복했다. 조용히 아이 옆에 앉아 호흡을 맞추며 말했다. "우리 준
민이, 엄마 생각이 많이 나는군요. 선생님이 여기 있으니까 같이 기
다려봐요." 아이의 눈물이 멈추고 작은 손이 내 손을 꼭 잡는 순간, 나
는 교육의 본질을 깨달았다. 말의 내용보다 말투와 태도가 아이의 마
음을 여는 중요한 열쇠라는 것을 말이다.

부모들의 간절한 질문

그 후 오랜 세월, 수많은 부모들이 나에게 같은 질문을 한다. "아이
에게 어떤 말을 해주면 좋을까요?" "화를 내지 않고도 아이를 잘 가르
칠 수 있는 방법이 있나요?"

그들의 눈빛에는 모든 부모가 품고 있는 한 가지 소망이 담겨 있었
다. 아이의 마음을 다치게 하지 않으면서도 올바르게 키우고 싶다는 간
절함. 그리고 이 모든 고민은 결국 하나의 핵심 질문으로 귀결되었다.

"말 한마디가 과연 아이의 뇌에 어떤 영향을 줄까?"

아이들이 가르쳐준 진실

세월이 흘러 제자들이 청소년이 되고, 성인이 되어 다시 찾아와 말

했다. "어릴 적 선생님이 제 이야기를 끝까지 들어줬던 기억이 아직도 힘이 돼요." "엄마가 조용히 안아주며 '괜찮아, 네 마음 이해해.'라고 했던 목소리가 지금도 선명해요."

흥미로운 사실은 아이들이 구체적인 교훈이나 지식은 잊었지만, 그때의 말투와 분위기는 평생의 기억 속에 생생히 각인되어 있다는 것이었다. 아이들 스스로가 나에게 가르쳐준 것이다. 말투는 곧 기억의 언어이자 마음의 지문이라는 것을 말이다.

과학이 뒷받침하는 현장의 발견

현장에서의 깨달음은 학문적 탐구로 이어졌다. 뇌과학 연구를 통해, 부모의 말투가 아이의 뇌에 실제로 어떤 변화를 일으키는지 살펴보게 되었다. 현대 뇌과학 연구들이 보여주는 것은 놀라웠다. 뇌영상 기술을 통해 확인한 것은 말투가 아이 뇌의 핵심 영역들에 의미 있는 변화를 만든다는 사실이었다.

- **편도체**: 감정과 스트레스 반응을 담당하는 뇌 영역
- **해마**: 기억을 저장하는 뇌 영역
- **전전두피질**: 자기조절과 계획을 담당하는 뇌 영역
- **전대상피질**: 공감과 갈등 해결을 담당하는 뇌 영역

부모의 목소리와 말투는 단순한 대화 습관이 아니었다. 아이의 뇌 발달을 지원하는 중요한 환경 요소였던 것이다.

뇌가소성: 뇌가 스스로를 바꾸는 놀라운 능력

이것이 바로 '뇌가소성Neuroplasticity'의 힘이다. 뇌가 경험에 따라 스스로의 구조와 기능을 바꾸는 능력 말이다. 부모가 매일 건네는 말투는 아이의 뇌 속에 새로운 연결을 만들고, 그 연결은 아이의 성격과 습관 형성에 영향을 미친다.

워싱턴 대학교의 패트리샤 쿨Patricia Kuhl 교수를 비롯한 여러 연구자들의 연구에 따르면, 따뜻하고 일관성 있는 언어 환경은 아이의 언어 발달과 사회적 뇌 발달에 긍정적인 영향을 미치는 것으로 나타났다. 반면 부정적이거나 위협적인 언어 환경이 지속되면 스트레스 반응 체계에 영향을 줄 수 있다.

0~9세: 뇌가 가장 활발하게 자라는 시간

뇌과학자들이 특별히 주목하는 시기가 있다. 바로 0~9세, 뇌가소성이 특히 활발한 시기다. 이 시기에 뇌는 경험과 자극에 따라 신경 회로를 활발하게 만들고 강화한다.

- **0~2세** 기본적인 애착과 안전감이 형성되는 시기

- **3~5세** 감정과 기억 체계가 확장되며 자아 개념이 형성되는 시기

- **6~9세** 전두엽이 발달하며 논리적 사고와 자기조절 능력이 성장하는 시기

이 시기 부모와 교사의 말투는 단순한 언어가 아니다. 아이가 평생 사용할 사고와 감정 패턴의 기초를 형성하는 중요한 환경적 요소인 것이다.

부모의 뇌도 함께 성장한다

여기서 또 하나의 흥미로운 발견이 있다. 아이의 뇌가 부모의 말투 환경에서 성장하는 것처럼, 부모의 뇌도 자신의 말투와 양육 행동에 따라 함께 변화한다는 것이다.

따뜻한 목소리를 낼 때 부모의 자기조절 뇌 영역이 활성화되고, 공감의 언어를 사용할 때 사회적 뇌 영역이 강화된다. 말투를 개선하는 순간 아이뿐 아니라 부모 자신도 함께 성장하는 것이다.

AI 시대, 사람의 목소리가 더욱 소중한 이유

오늘날 사람들은 많은 부분을 AI에게 의존한다. 버튼 하나로 답을 얻고, 복잡한 설명도 기계가 더 빠르고 정확하게 해준다. 그러나 단

하나, AI가 절대 대신할 수 없는 것이 있다. 바로 부모와 교사의 목소리에 담긴 '공감'과 '사랑'이다.

아이의 뇌는 AI의 지식이 아니라 사람의 따뜻한 목소리와 상호작용을 통해 건강하게 자란다. AI 시대일수록, 뇌를 진정으로 발달시키는 힘은 바로 우리의 말투와 상호작용에 있다.

이 책의 약속

나는 마법 같은 육아 비법을 제시하려는 것이 아니다. 현장에서 직접 확인하고, 뇌과학 연구가 뒷받침하는 한 가지 중요한 통찰을 나누고 싶은 마음이다. 부모와 교사의 목소리가 아이의 성장에 의미 있는 영향을 미치고, 동시에 어른도 성장시킨다는 사실 말이다.

그런 마음으로 이 책에 세 가지를 담았다.

과학적 근거: 뇌과학 연구로 뒷받침된 실제 뇌 변화에 대한 이해

현장 검증: 수많은 아이들과 가족에게서 확인한 실제 변화

실천 가능성: 오늘 저녁부터 바로 적용할 수 있는 대화 방법

완벽하지 않아도 괜찮다

완벽한 부모, 완벽한 교사는 없다. 그러나 성장하려는 부모, 배우

려는 교사는 있다. 중요한 것은 실수를 인정하고 다시 대화를 시도하는 용기다. 사과하고, 귀 기울이고, 함께 성장하려는 마음가짐이 아이의 뇌와 어른의 뇌 모두에 긍정적인 영향을 미친다.

말투는 선택이며, 그 선택이 아이의 미래와 우리 자신의 미래를 함께 만들어가는 것이다.

독자 여러분께

이 책을 덮는 순간, 여러분은 두 가지 확신을 갖게 될 것입니다.

- **과학적 이해**: 말투가 아이와 어른의 뇌에 어떤 영향을 미치는지에 대한 이해
- **실천적 자신감**: 어떤 상황에서도 성장을 지원하는 목소리를 선택할 수 있다는 확신

사랑은 목소리에 담겨 전해집니다. 그리고 그 사랑은 아이와 어른의 뇌에 함께 새겨져, 평생을 밝히는 등불이 됩니다. 이제 그 특별한 과학적 통찰을 여러분과 나누고 싶습니다.

"이 책을 덮는 순간, 당신의 목소리는 이미 아이의 뇌 속에서 새로운 가능성을 열고 있을 것입니다." - 하트브레인 하은

CONTENTS

아이의 뇌가
말투를 기억하는 이유

“말은 사라지지만,
말투는 뇌에 새겨진다”

뇌과학이 밝혀낸 말투의 과학

같은 말, 다른 결과가 나타나는 이유

아이의 뇌에 영향을 주는 부모의 말투

아침 7시 30분, 전국 수백만 가정에서 울려 퍼지는 목소리가 있다.

"빨리 해!"

부모에게는 그저 시간에 쫓겨 나온 습관적인 한마디일 뿐이다. 하지만 아이의 뇌에는 전혀 다른 신호로 전달된다.

• 상황 A: 높은 톤의 급한 목소리

　"빨리 해! 또 늦겠네!"

엄마의 날카로운 목소리가 방 안까지 들렸다. 7살 민지는 양말을 신다가 움찔했다. 어깨가 움츠러들고 눈빛이 경직된다. 결국 울음이 터져 나오고, 준비 시간은 오히려 더 걸렸다.

• 상황 B: 낮고 부드러운 톤의 목소리
"서준아, 빨리 준비하자."

엄마의 목소리는 낮고 부드러웠다. 같은 7살인 서준이는 고개를 끄덕이며 움직이기 시작했다. 평소보다 빨리 준비를 마치고 "엄마, 다 했어요!"라며 웃었다.

똑같은 "빨리 해!"라는 말인데, 결과는 완전히 달랐다. 차이를 만든 건 단어가 아니었다. 바로 '말투'였다. 아이와 부모 사이에는 매일 수천 마디의 대화가 오간다. 그런데 뇌과학 연구들이 놀라운 사실을 알려준다. 아이의 뇌에 가장 큰 영향을 미치는 것은 단어 그 자체가 아니라, 단어를 감싼 감정적 톤과 말투라는 것이다.

뇌는 의미보다 감정을 먼저 처리한다

"엄마, 왜 화났어요?"

5살 지우가 엄마에게 묻는다. 분명히 엄마는 화내지 않았다고 생각했는데, 아이는 이미 엄마의 기분을 정확히 읽어냈다. 어떻게 가능한 일일까?

답은 뇌의 정보 처리 방식에 있다. 소리가 귀에 들어오면 청각 피질이 음성을 감지하고, 곧바로 편도체가 그 안에 담긴 감정적 정보를 빠르게 처리한다. 언어의 의미를 해석하는 브로카 영역이나 베르니케 영역이 작동하기 전에, 뇌는 먼저 '이 목소리가 위협적인지, 안전한지'를 판단하는 것이다.

신경과학 연구들이 이를 뒷받침한다. 사람들은 말의 내용을 이해하기 전에 이미 목소리의 감정적 톤에 반응한다. 즉, 아이들은 부모가 무슨 말을 하는지 알기도 전에 이미 부모의 감정 상태를 온몸으로 느끼고 있다는 뜻이다.

뇌가 받아들이는 말투의 신호들

- 높은 톤+빠른 속도+날카로운 억양 → "위험! 경계하라!"
- 낮은 톤+부드러운 속도+온화한 억양 → "안전해. 괜찮아."

이때 이미 아이의 자율신경계가 반응하여 심장 박동이 빨라지거나 느려지고, 근육이 긴장하거나 이완된다. 순식간에 말투가 아이의 뇌와 몸 전체에 영향을 미치는 것이다.

스탠포드 대학 연구: 엄마 목소리의 특별한 뇌 반응

스탠포드 대학교 의과대학의 연구에 따르면, 아이들의 뇌는 모르는 여성의 목소리보다 엄마의 목소리에 훨씬 더 광범위하게 반응한다. 엄마의 목소리에 더 강하게 반응하는 뇌 영역은 청각 영역을 넘어 감정과 보상 처리, 사회적 기능, 개인적으로 중요한 것을 감지하는 영역과 얼굴 인식 영역까지 포함된다.

이 연구는 7세에서 12세 사이의 24명의 아이들을 대상으로 진행되었으며, 모든 아이들의 IQ는 80 이상이었고, 발달 장애가 없었으며, 생물학적 어머니에 의해 양육되고 있었다.

연구진은 다음과 같이 설명했다. "아무도 관련될 수 있는 뇌 회로를 실제로 살펴보지 않았습니다. 우리는 알고 싶었습니다. 단지 청각 및 음성 선택 영역만 다르게 반응하는 것인지, 아니면 참여, 감정적 반응성 및 중요한 자극 감지 측면에서 더 광범위한지?"

실제 연구로 확인된 목소리 톤의 영향

연구자들이 10.5개월 된 아기들에게 두 개의 시각적으로 중성인 인형을 제시했다. 한 인형은 긍정적인 감정으로 말하고 다른 인형은 부정적인 감정으로 말했다. 인형들이 아기들의 손이 닿는 곳에 놓였을 때, 아기들은 이전에 긍정적인 목소리를 낸 인형을 선택했다.

연구에 따르면, 유아들은 부모의 금지 명령에서 목소리 톤을 이용해 규칙 위반의 성격에 대한 정보를 얻는다. 목소리 톤은 아이들이 사회적 상황을 해석하고 평가할 때 활용할 수 있는 여러 정보 중 하나를 제공한다.

부모-자녀 상호작용 연구의 실제 결과

마이애미 대학에서 진행된 24쌍의 영아-부모 연구에서, 부모가 상호작용을 중단하고 무표정한 얼굴을 유지했을 때 영아의 발성이 크게 증가했다. 이는 아기들이 부모와의 상호작용을 다시 시작하기 위해 비교적 유사한 발성 비율을 채택했음을 시사한다.

또한 연구에 따르면, 엄마들은 영아와 대화할 때 높은 음조, 넓은 음조 범위, 독특한 음성적 특징을 사용하여 전형적인 방식으로 말을 바꾼다. 엄마들은 유아기 이후 성대 음조를 낮추지만, 자녀의 청소년 발달 동안에도 계속해서 목소리를 조정한다.

말투가 뇌에 남기는 장기적 영향

더욱 중요한 것은 말투가 단순한 순간의 반응으로 끝나지 않는다는 점이다. 반복될수록 아이의 뇌에 신경 연결을 형성하며 장기적인 패턴을 만든다. 뇌과학자들은 이를 '뇌가소성neuroplasticity'이라고 부른다.

긍정적 언어 환경의 효과

- 편도체의 과잉 반응이 점차 조절됨
- 안정적인 애착 관계와 자기조절 능력 발달
- "나는 소중한 존재"라는 긍정적 자아상 형성

부정적 언어 환경의 위험성

- 긴장과 방어 반응이 뇌에 고착화될 수 있음
- 정서 조절 능력 발달이 방해받을 수 있음
- "나는 늘 실수하는 아이"라는 부정적 자아상 형성 가능성

특히 해마는 감정과 결합된 경험을 매우 강력하게 저장한다. 어린 시절 부정적 정서와 함께 각인된 목소리 기억은 성인이 되어서도 비슷한 톤을 들으면 자동으로 어릴 때와 같은 반응을 일으킬 수 있다.

청소년기 뇌의 특별한 변화

스탠포드 대학의 최신 연구에서 흥미로운 발견이 있었다. 어린 아이들은 엄마의 목소리에 대해 보상 처리 영역에서 더 큰 신경 활동을 보였지만, 청소년들은 엄마의 목소리보다 낯선 사람의 목소리에 대해 이러한 뇌 시스템에서 더 큰 활동을 보였다.

이는 아이들의 사회적 세계가 청소년기 동안 극적인 변화를 겪는 다는 것을 보여준다. 어린 아이들에게는 사회화가 주로 부모와 돌봄 제공자 중심으로 이루어지지만, 청소년기에는 가족 외부의 사회적 대상을 향한 지향성의 변화가 일어난다.

언어 환경 개선의 실제 사례

실제로 언어 환경 개선의 힘을 보여주는 사례가 있다. 한 아이가 5세에 새로운 유치원에 입학하면서 자주 울고 겁이 많아 적응에 어려움을 겪었다.

부모 교육을 통해 아이에게 적절한 자기 표현 방법을 가르쳤다.

"잠깐만요, 잘 모르겠어요. 다시 알려주세요."
"도와주세요, 다시 알려주면 할 수 있어요."
"고마워, 너 정말 잘한다!"

이런 표현들을 연습한 결과, 아이는 초등학생이 된 후 새로운 환경에서도 당당하게 도움을 요청하고, 친구들과 원만한 관계를 맺을 수 있게 되었다.

이 사례는 중요한 진실을 보여준다. 아이는 어디서든, 누구와 있어

도 적절한 언어 표현을 할 수 있으면 좋은 관계를 맺을 수 있다는 것
이다.

과학적 근거에 기반한 말투의 중요성

지금까지의 연구들은 공통된 메시지를 전한다.

즉시성: 신속한 뇌 반응

말투는 순식간에 아이의 뇌 반응을 결정한다. 아이는 부모가 무슨
말을 하는지 알기도 전에 이미 부모의 감정을 온몸으로 받아들인다.

누적성: 반복이 만드는 신경 연결

반복된 말투는 아이의 신경 회로와 발달 경로에 영향을 준다. 매
일 조금씩 쌓인 상호작용이 아이의 성격과 능력을 형성하는 토대가
된다.

지속성: 평생에 걸친 영향

유년기의 언어 환경은 성인이 될 때까지 영향을 준다. 어린 시절의
안정적인 애착 관계는 평생의 정신건강과 인간관계의 기초가 된다.

부모의 말투는 단순한 습관이 아니라, 아이의 뇌 발달을 지원하는 중요한 환경적 요소다. 다행히 뇌는 평생에 걸쳐 가소성을 지닌다. 나이와 상관없이 새로운 경험을 통해 계속해서 변화하고 성장할 수 있다는 뜻이다.

습관 형성에 대한 과학적 이해

"21일의 법칙"은 새로운 행동이 21일간 반복되면 습관이 된다는 것이다. 하지만 이는 1960년 성형외과 의사 맥스웰 맬츠가 환자들이 새로운 얼굴에 적응하는 데 21일 정도가 걸린다고 관찰한 것에서 유래된 것으로, 실제 습관 형성과는 다른 개념이다.

유니버시티 칼리지 런던의 필리파 랠리 연구팀이 진행한 연구에 따르면, 새로운 행동이 습관으로 자리 잡는 데는 평균 66일이 걸리며, 개인과 행동의 복잡성에 따라 18일에서 254일까지 차이가 날 수 있다고 보고되었다.

따라서 말투를 바꾸는 것도 인내심을 가지고 지속적으로 노력해야 한다. 물론 즉각적인 변화도 충분히 경험할 수 있으며, 이러한 작은 변화들이 누적되어 궁극적으로는 아이와 부모 모두에게 긍정적인 변화를 가져올 수 있다.

부모를 위한 과학적 메시지

이제 우리는 과학적 증거를 통해 알게 되었다. 말투가 아이의 뇌 발달에 영향을 미친다는 것을. 부모의 목소리는 단순한 소리가 아니다. 그것은 아이의 전전두피질을 발달시키고, 편도체를 조절하며, 해마에 평생 남을 정서적 기억을 형성한다.

말투는 곧 아이의 뇌에 새겨지는 첫 번째 환경적 입력이다. 그 어떤 교육법이나 학습 프로그램보다도 부모의 따뜻하고 일관된 목소리가 아이의 잠재력을 깨우는 강력한 도구인 것이다.

변화는 지금 시작할 수 있다

거창한 교육법이나 값비싼 교구가 필요한 것도 아니다. 그저 아이에게 건네는 말 한마디의 톤을 바꾸는 것만으로도 충분하다. 오늘 밤, 자기 전에 아이에게 속삭여보자. 부드럽고 따뜻한 목소리로.

"네 마음이 중요해."

그 한마디가 아이의 뇌에 새로운 신경 연결을 만들기 시작할 것이다. 사랑받고 있다는 확신의 연결을, 자신감과 도전 정신의 연결을, 평생을 함께할 정서적 안정감의 연결을 말이다.

오늘부터 실천하는 말투 가이드

1 아이와 대화할 때 목소리 톤을 한 단계 낮춰보기

2 "안 돼!" 대신 "어떻게 하면 좋을까?"라고 물어보기

3 "빨리 해!" 대신 "천천히 해도 괜찮아."라고 말하기

4 실수했을 때 "조심해야지!" 대신 "괜찮아, 다시 해 보자."라고 격려하기

5 하루에 한 번은 "네 마음이 중요해."라고 전하기

성장을 지원하는 뇌 vs 위축시키는 환경

말투가 아이 뇌의 미래를 가른다

아이를 성장시키는 부모의 말투

"말은 씨가 된다."라는 속담은 오래도록 전해져 내려왔다. 그러나 오늘날의 뇌과학은 이 속담을 더욱 명확하게 증명한다.

부모의 말투는 공기 중에 흩어지는 소리가 아니다. 그것은 아이의 뇌 속에 회로를 세우고, 평생 사용할 감정·사고·자기조절의 구조물을 건축하는 언어다.

연구에 따르면 부모의 민감하지 않은 양육이 아이들의 편도체-내측전전두피질 연결을 조기에 성숙화시켜 스트레스에 취약하게 만든다. 반대로 따뜻하고 안정적인 말투는 편도체를 진정시켜 아이가 안전감 속에서 학습할 수 있게 한다.

다음은 아침 7시 30분, 두 집의 풍경이다.

A집 거실

"수민아, 이제 준비할 시간이야. 어떤 것부터 해 볼까?"

엄마의 목소리는 낮고 부드럽다. 수민이는 잠시 고개를 끄덕이더니 스스로 가방을 챙기기 시작한다.

B집 거실

"준호야! 빨리 안 해? 또 늦겠어!"

날카로운 톤이 공기를 찢는다. 준호는 몸을 더 움츠리고, 손놀림은 점점 느려진다.

두 아이 모두 일곱 살. 환경은 비슷했지만, 부모의 말투는 전혀 다른 두 개의 길을 열어주고 있었다. 같은 하루 아침이지만, 한 아이의 뇌에는 안정의 회로가, 다른 아이의 뇌에는 위축의 회로가 새겨지고 있었다.

높은 수준의 카테콜아민 방출은 편도체에 의해 시작되며, 스트레스를 받는 동안 뇌가 전전두피질의 사려 깊고 반성적인 조절에서 편도체와 다른 피질하 구조들의 더 빠른 반사적 조절로 전환시킨다.

- 날카로운 목소리는 편도체의 경보를 울려 불안을 키운다.
- 부드러운 목소리는 편도체의 과잉 반응을 가라앉히고 안전감을 불러온다.

　말투 하나가 아이의 하루를 위축시키는 회로를 만들 수도, 성장시키는 회로를 만들 수도 있다.

말투는 단순한 습관이 아니다

　많은 부모가 묻는다. "나는 똑같이 말했을 뿐인데, 왜 아이마다 반응이 다를까요?"

　그 답은 바로 뇌의 생리적 반응에 있다. 말투는 단어의 뜻을 넘어, 아이가 안전을 느끼는지, 위협을 느끼는지를 결정한다. 이것은 심리적 느낌이 아니라 과학이 입증한 사실이다.

　환경적 경험인 심각한 심리적 외상은 호르몬 신호를 통해 신경발달 초기에 시냅스 형성, 수지상 분지 및 가지치기에 영향을 미칠 수 있다. 부모의 음성은 아이의 뇌에서 순식간에 감정적 반응을 일으킨다. 이는 아이가 말의 의미를 이해하기도 전이다.

뇌를 키우는 말투의 다섯 가지 원칙

최신 뇌과학 연구 결과를 토대로 아이의 뇌 발달을 돕는 말투의 원칙들을 정리해보자.

1. 심리적 안전감: 편도체 안정화

아이가 학습 모드에 들어가기 위해서는 먼저 편도체가 진정되어야 한다. 편도체는 뇌의 '화재경보기' 역할을 하는 곳으로, 위협 신호가 감지되면 전전두피질의 합리적 사고 기능을 차단한다.

실제 적용법

"괜찮아, 천천히 해도 돼"

"실수해도 괜찮아, 다시 해보자"

낮고 부드러운 톤 사용

2. 적절한 자극 강도: 전전두피질 과부하 방지

스트레스 상황에서 코르티솔이 증가하면 전전두피질의 인지 기능이 손상된다. 빠르고 강한 말투는 아이의 정보 처리 용량을 초과해 뇌 과부하를 일으킨다.

반대로 여유 있는 말투는 아이의 뇌가 정보를 차근차근 처리할 수 있는 시간을 준다. 특히 10세 아동의 정보 처리 속도는 성인보다 약 1.8배 느린데, 이는 초등학교 초기에 급속히 증가하다가 청소년기에 성인 수준에 가까워진다.

실제 적용법

- 말하는 속도를 평소의 70% 정도로 줄이기
- 한 번에 하나의 지시만 주기
- 아이의 반응을 3초 이상 기다려주기

3. 긍정적 프레이밍: 탐구 모드 전환

"왜 그랬어?"는 아이의 뇌를 방어 모드로 전환시키지만, "어떻게 하면 좋을까?"는 문제 해결 모드로 전환시킨다.

실제 적용법

"왜 안 했어?" → "어떻게 하면 잘할 수 있을까?"

"못했네." → "다음에는 어떻게 해 볼까?"

"안 돼." → "이렇게 해 보면 어떨까?"

4. 정서적 공명: 공감과 연결

"속상했구나." 같은 공감 언어는 아이의 감정을 인정하고 수용한다는 신호를 보낸다. 이런 정서적 공명은 편도체를 진정시키고 전전두피질을 활성화한다.

실제 적용법

"화났구나.""속상했구나." 같은 감정 인정하기

"그럴 수 있어.""네 마음을 알겠어."

아이의 감정에 먼저 공감한 후 해결책 제시하기

5. 자율성 지지: 내적 동기 강화

"이거 해." 대신 "어떤 것부터 해 볼까?"라는 질문은 아이에게 선택권을 주어 자기결정감을 키운다.

실제 적용법

"숙제해." → "숙제와 놀이 중 어떤 걸 먼저 할까?"

"빨리해." → "몇 분 안에 할 수 있을 것 같아?"

아이가 스스로 계획을 세우도록 도와주기

뇌를 위축시키는 말투의 다섯 가지 함정

아이의 뇌 발달을 저해하는 말투의 특징들도 과학적으로 분명하다.

1. 날카로운 톤 → 만성 불안

지속적인 스트레스 노출은 편도체를 비대화시키고 전전두피질을 위축시킨다. 높고 날카로운 목소리는 편도체를 과도하게 자극해 만성적인 스트레스 상태를 만든다.

2. 빠른 속도 → 작업 기억 초과

아동기에는 작업 기억 용량이 제한적이며, 5세 아동은 보통 4자리 숫자를, 성인과 청소년은 7자리 숫자를 단기기억으로 유지할 수 있다. 빠른 말은 아이의 작업 기억 용량을 초과시켜 정보 처리를 방해한다.

3. 부정적 낙인 → 자아 개념 손상

"너는 항상 그래." "또 그러네." 같은 일반화된 부정적 표현은 아이의 자아 개념에 해로운 영향을 미친다.

4. 비교 언어 → 사회적 고통 강화

"왜 형처럼 못 해?" 같은 비교는 뇌의 사회적 고통 회로를 활성화시킨다.

5. 단절과 무시 → 애착 시스템 손상

아이의 말을 무시하거나 대화를 차단하는 것은 애착 시스템에 손상을 준다.

말투 변화의 현장 사례

한 초등학교에서 교사들을 대상으로 '말투 개선 프로젝트'를 진행했다. 교사들이 아이들에게 말할 때 다음 원칙을 적용했다.

- 목소리 톤을 한 단계 낮추기

- 말하는 속도를 30% 줄이기

- "왜?"보다 "어떻게?"라는 질문 사용

- 지적하기 전 감정부터 읽어주기

- 답을 3초 이상 기다려주기

2주 후 다음과 같은 결과를 얻었다.

- 교실 내 문제 행동 40% 감소

- 아이들의 자발적 발표 빈도 60% 증가

- 교사-학생 간 갈등 상황 50% 감소

- 아이들의 학습 집중도 뚜렷한 향상

두 번째 사례는 12살 민수 가족의 변화이다.

기존 대화 패턴

엄마: "민수야! 게임 그만해! 몇 번을 말해야 해?"

민수: (화를 내며) "조금만 더!"

엄마: "안 돼! 당장 꺼!"

민수: (울면서) "엄마가 제일 싫어!"

변화된 대화 패턴

엄마: "민수야, 게임이 재밌구나. (감정 읽어주기) 언제까지 할 계획이야?" (선택권 주기)

민수: "음… 이 판만 더 하면 돼."

엄마: "그래, 그럼 10분 후에 정리하자. 어떨까?" (구체적 시간 제시)

민수: "네, 알겠어요."

3주 후에는 다음과 같은 변화가 나타났다.

- 게임 시간 관련 갈등 90% 감소
- 민수가 스스로 시간을 지키는 빈도 증가
- 부모-자녀 대화 시간 2배 증가
- 민수의 전반적인 정서 안정성 향상

단 하루만으로도 달라지는 뇌

한 육아 상담센터에서 흥미로운 실험을 진행했다. 평소 아이를 다그치는 말투를 자주 사용하던 부모 50명에게 하루 동안만 말투를 바꿔보라고 요청한 것이다.

실험 방법

- "빨리 해!" "안 돼!" 대신 "천천히 해도 돼." "어떻게 하면 좋을까?" 사용
- 높은 톤 대신 낮고 부드러운 톤으로 대화
- 명령문 대신 제안문이나 질문문 사용
- 아이의 감정을 먼저 읽어주기
- 답을 재촉하지 않고 기다려주기

24시간 후 변화

- 아이들이 부모에게 다가오는 빈도 45% 증가

- 떼쓰기나 반항하는 행동 35% 감소

- 스스로 문제를 해결하려는 시도 50% 증가

- 부모-자녀 간 대화 지속 시간 2배 증가

우리 집 말투 진단 체크리스트

다음 항목들을 통해 현재 우리 가정의 말투 패턴을 점검해보자.

(1점: 전혀 아니다 ~ 5점: 매우 그렇다)

위축시키는 말투 (점수가 높을수록 주의)

아이가 늦을 때 목소리가 높아진다.	점
"빨리" "왜" 같은 단어를 자주 사용한다.	점
아이가 움츠러드는 모습을 자주 본다.	점
대화를 빨리 끝내려는 편이다.	점
아이의 대답을 자주 끊는다.	점
"너는 항상…" 같은 일반화 표현을 쓴다.	점
아이가 감정을 숨기는 모습을 자주 본다.	점

성장시키는 말투 (점수가 높을수록 좋음)

"어떻게 하면 좋을까?"라는 질문을 자주 쓴다.	점
"속상했구나" 같은 공감 언어를 쓴다.	점
아이의 선택권을 인정해준다.	점
질문 후 3초 이상 기다려준다.	점
낮고 부드러운 톤으로 말한다.	점
아이의 감정을 먼저 읽어준다.	점
실수를 받아들이는 분위기를 만든다.	점

점수별 가이드

- 위축 말투 총합이 21점 이상이면 개선 필요
- 성장 말투 총합이 21점 이하면 개선 필요

개선이 필요한 경우 실천 방법

- 하루에 한 가지씩 의식적으로 바꿔보기
- 가족 회의에서 서로 피드백 주고받기
- 꾸준히 연습하며 변화 관찰하기

부모의 목소리는 아이 인생의 설계도

아이들과 부모를 매일 마주하는 현장에서 확인한 진실은 이것이다. 말투는 곧 운명이다. 부모가 아이 뇌의 건축가라면, 그 말투 하나하나가 아이 인생의 설계도가 된다.

거창한 교육법이나 값비싼 교구보다 더 강력한 것은 바로 부모의 목소리다. 낮고 부드러운 톤, 아이의 속도에 맞춘 여유, 감정을 읽어주는 공감, 기다려주는 인내. 이 작은 변화들이 쌓여 아이의 뇌는 평생을 살아갈 힘을 얻게 된다.

오늘 밤, 아이가 잠들기 전 마지막으로 건네는 그 한마디를 떠올려보자. 그 말이 아이의 꿈속에서, 그리고 내일의 뇌에서 어떤 회로를 만들지 상상해보자.

오늘의 말투 한마디

"잘하고 있어, 계속 자라나고 있어."

말투가 만드는
뇌의 연결망

말투는 뇌의 회로도를 바꾼다

전전두피질 - 질문이 여는 사고의 문

전전두피질PFC은 계획·자기조절·메타인지를 맡는 생각의 관제탑이다. 뇌과학 연구에 따르면, 이 영역은 4세에 이미 기능적으로 활성화되며, 아동기와 청소년기를 거쳐 지속적으로 발달한다.

특히 전전두피질은 대화의 방식에 따라 완전히 다른 반응을 보인다는 것이 여러 연구를 통해 밝혀졌다. 인지적 이동cognitive shifting 능력의 발달이 전전두피질 영역의 활성화와 상관관계가 있음이 확인되었다.

질문 유형별 뇌 반응

- 닫힌 질문: "왜 안 했어?" → 위협 신호로 받아들여 방어 모드가 켜진다.
- 열린 질문: "어떻게 하면 더 좋을까?" → 전전두피질이 활성화되어 사고가 확장된다.

실제 사례를 들어보자. 평소 숙제를 계속 미루던 하은이에게 엄마가 "빨리 해!"라고 다그치면, 하은이는 더욱 움츠러들고 책상에 앉아서도 멍하니 있는 시간이 길어졌다. 그런데 어느 날 엄마가 다르게 접근했다.

엄마: "하은아, 숙제를 언제, 어떤 순서로 하면 좋을까?"
하은이: "음… 먼저 수학을 하고, 그다음에 국어를 해야겠어요."
엄마: "좋은 계획이네. 각각 얼마나 걸릴 것 같아?"
하은이: "수학은 30분, 국어는 20분 정도요."

놀랍게도 하은이는 스스로 체크리스트를 만들고 20분 단위로 계획을 세웠다. 질문 하나가 사고를 설계하는 도구가 된 순간이었다.

뇌를 활성화하는 질문들

"지금 네 계획은 뭐야?"

"첫 단추를 어디서 끼워볼까?"

"이 문제를 해결하는 다른 방법도 있을까?"

해마 - 감정이 붙을 때 기억이 자란다

해마는 새로운 경험을 장기 기억으로 바꾸는 관문이다. 해마는 편도체와 함께 작용하여 기억을 감정과 연결시키며, 이는 감정적 반응을 생성한다. 최근 뇌과학 연구에 따르면, 해마는 특히 감정과 결합될 때 기억 저장력이 극대화된다. 스트레스 관련 호르몬인 코르티솔이 해마의 기능적 연결성을 증진시켜 감정적 기억을 강화시킬 수 있다.

즉, 성적보다 먼저 살펴야 할 것은 학습이 어떤 정서적 맥락에서 이루어졌는가이다. 아이의 "공부 기억"은 점수보다 감정을 먼저 저장하기 때문이다.

말투별 해마 반응

- 따뜻한 말투+학습 → 도파민 분비 증가 → 집중력과 학습 동기 향상
- 차갑고 압박적인 말투+학습 → 코르티솔 분비 증가 → 해마 기

능 억제

7살 민준이는 수학 문제를 풀다가 자주 막혔다. "왜 이것도 못 해?" 라는 엄마의 말을 들을 때마다 수학 자체를 피하려고 했다. 그런데 엄마가 접근법을 바꾸자 변화가 나타났다.

엄마: "민준아, 지금 이 문제, 어디까지 이해됐는지 알려줄래? 거기서부터 같이 가보자."

민준이: "여기까지는 알겠는데, 이 부분이 어려워요."

엄마: "좋다! 방금 배우는 걸 뇌가 신호 보낸 거야."

3개월 후, 민준이는 수학 문제를 틀려도 "이것도 배우는 거네요."라며 자연스럽게 받아들이기 시작했다. 실수에 대한 긍정적 프레이밍이 해마의 학습 회로를 강화한 것이다.

해마를 활성화하는 말들

"지금 이 문제, 어디까지 이해됐는지 알려줄래?"

"좋다! 방금 배우는 걸 뇌가 신호 보낸 거야."

"이 부분이 어려웠구나. 같이 차근차근 해 보자."

편도체 - 감정의 경보기를 다스리는 언어

편도체는 순식간에 목소리의 정서를 읽어내는 감정 경보기다. 연구에 따르면, 감정에 이름을 붙여주는 것(감정 명명)만으로도 편도체의 과잉 반응을 줄이고 전전두피질을 활성화할 수 있다. 초기 아동기의 감정 명명 능력이 청소년기의 감정 조절과 인지 제어 뇌 영역의 활동 증진과 연관된다.

감정 명명의 뇌과학적 효과

"왜 울어?"(판단) → 방어 반응 증가

"많이 속상했구나."(명명) → 감정 조절력 향상

4살 지민이가 마트 바닥에 드러누워 울고 있었다. 과자를 사달라는 요구가 거절당했기 때문이었다. 기존에는 엄마가 "그만해! 사람들이 다 봐!"라고 말하면 지민이의 울음은 더욱 격해지고, 상황이 악화되었다.

개선된 방식

엄마: "과자를 정말 갖고 싶었구나. 많이 속상하지?"

지민이: (울음이 조금 줄어들며 고개를 끄덕임)

엄마: "지금 말로 이야기할래, 아니면 1분만 더 울고 이야기할래?"

지민이: "말로 할래요."

하지만 엄마가 지민이의 감정을 인정하고 선택권을 제공해줌으로써 짧지만 강력한 감정 조절 경로가 지민이의 뇌에 새겨지게 되었다.

편도체를 진정시키는 언어들

"네 마음에 이름을 먼저 붙여보자. 화야? 서운함이야?"

"말로 하면 도와줄 준비가 되어 있어."

"속상한 마음, 충분히 이해해."

뇌량 - 좌뇌와 우뇌를 잇는 다리

뇌량은 좌뇌(언어·논리)와 우뇌(정서·상상)를 잇는 교량이다. 약 2억 개의 고도로 수초화된 신경섬유로 구성되어 있으며, 아동기에는 급속히 확장되다가 4세경에 발달이 완료되지만, 3번째 10년까지 훨씬 느린 속도로 계속 성장한다.

뇌과학 연구에 따르면, 좌뇌와 우뇌 사이의 적절한 소통은 고급 언어 기능 발달에 결정적이다. 대화가 두 반구를 동시에 자극할수록 이 연결은 강화된다.

그림책 읽기에서의 적용

- 일방향 방식: "글자를 읽어봐." → 좌뇌 중심 활동
- 통합 방식: "주인공은 지금 어떤 기분일까? 그 기분을 한 문장으로 써볼까?" → 좌·우뇌 통합 활동

6살 서연이는 엄마가 함께 『마음이 아픈 곰』이라는 그림책을 읽고 있었다.

변화 전

엄마: "서연아, 이 글자 읽어봐."

서연이: "곰이… 슬프다…" (기계적으로 읽음)

변화 후

엄마: "이 장면을 만약 네가 그린다면 무엇을 더 추가하고 싶어?"

서연이: "음… 곰을 위로해주는 토끼를 그리고 싶어요. 그리고 무지개도!"

엄마: "와, 같은 내용을 만화 칸 3개로 요약하면 어떨까?"

서연이: "첫 번째는 곰이 우는 장면, 두 번째는 토끼가 와서 안아주는 장면, 세 번째는 둘이 웃는 장면이요!"

그림책 읽기에서 통합 방식을 적용하자, 서연이의 상상력과 논리적 구성 능력이 동시에 발달하게 되었다.

뇌량을 활성화하는 질문들

"이 장면을 만약 네가 그린다면 무엇을 더 추가하고 싶어?"

"같은 내용을 만화 칸 3개로 요약하면?"

"이 이야기를 노래로 만든다면 어떤 멜로디일까?"

상황별 뇌 회로 변화 사례

같은 상황이라도 부모의 말투에 따라 아이의 뇌에는 완전히 다른 회로가 형성된다.

사례 1: 연필을 떨어뜨렸을 때

- 위축 회로: "조심해!"(날카로운 톤) → 움찔, 회피 반응 강화 → 아이가 위축되고 다음에도 같은 실수를 할까 봐 조심스러워하게 된다.

- 성장 회로: "괜찮아, 다시 잡으면 돼."(부드러운 톤) → 회복 회로 강화 → 아이가 자연스럽게 다시 시도하고 실수를 두려워하지 않게 된다.

사례 2: 형제 갈등 상황

- 방어 회로: "왜 그랬어!"(추궁 톤) → 변명과 책임 전가 증가 → 아이들이 서로를 비난하고 진짜 문제 해결보다는 자기 방어에 집중하게 된다.

- 공감 회로: "네 마음, 동생 마음은 각각 뭐였을까?"(탐색 톤) → 관점 수용 능력 발달 → 아이들이 서로의 입장을 이해하고 스스로 해결책을 찾아간다.

사례 3: 시험에서 실수했을 때

- 불안 회로: "이 부분 왜 또 틀렸니?"(낙인 톤) → 학습 회피 심리 강화 → 아이가 틀릴까 봐 도전을 피하고 안전한 것만 하려고 한다.

- 문제해결 회로: "실수 덕분에 약점이 보였네. 다음 번 체크 포인트는?"(재프레이밍 톤) → 학습 동기 증진 → 아이가 실수를 학습 기회로 받아들이고 적극적으로 개선 방법을 찾는다.

뇌 회로 변화를 위한 4단계 실천법

뇌과학 연구를 바탕으로 한 체계적인 접근법을 살펴보자.

1단계: 정서 명명Emotion Labeling

"지금 마음 이름은 ＿＿＿＿이야."

아이의 감정을 정확히 인식하고 언어로 표현해주는 것만으로도 편도체를 진정시키고 전전두피질을 활성화할 수 있다.

2단계: 호흡 동기화Breath Synchronization

"같이 세 번만 숨 쉬자." (3초 들이쉬기 - 3초 참기 - 3초 내쉬기)

함께 호흡하는 것은 부모와 아이의 자율신경계를 동조시켜 심리적 안정감을 높인다.

3단계: 선택과 계획Choice & Planning

"첫걸음은 뭐부터?"

아이에게 선택권을 주고 스스로 계획을 세우게 하면 전전두피질의 실행 기능이 활성화된다.

4단계: 강화 문장Reinforcement

"방금 뇌가 성장했어. 다시!"

긍정적 피드백은 도파민 분비를 촉진하여 학습 동기를 강화한다.

10살 준호의 숙제 시간 적용 사례

준호가 어려운 수학 문제를 풀다가 짜증을 내며 연필을 던졌다.

1단계 준호야, 지금 마음 이름은 짜증이야?"

준호: "네, 너무 어려워요."

2단계 "그래, 어려우니까 짜증이 나는구나. 같이 세 번만 숨 쉬자." (함께 3-3-3 호흡을 3번 반복)

3단계 "이제 좀 나아졌어? 이 문제를 해결하는 첫걸음은 뭐부터 할까?"

준호: "음… 먼저 문제를 다시 천천히 읽어볼게요."

4단계 "좋아! 방금 준호 뇌가 문제 해결 모드로 바뀌었어. 다시!"

이 과정을 통해 준호는 점차 어려운 상황에서도 스스로를 조절하는 능력을 기르게 되었다.

공감과 격려가 탐구와 성장으로

아이들의 웃음과 눈물을 곁에서 지켜온 시간이 알려준 결론은 단순하다. 말투는 건축사이고, 부모의 한마디는 아이의 뇌 지도에 새 길을 낸다.

각 뇌 영역별 말투의 영향

- 전전두피질: 열린 질문이 사고력과 자기조절 능력을 키운다.
- 해마: 긍정적 정서가 기억력과 학습 능력을 강화한다.
- 편도체: 공감 언어가 감정 조절력을 돕는다.
- 뇌량: 통합적 질문이 창의성과 좌, 우뇌의 협력을 확장한다.

비난과 압박이 깔린 길은 불안과 회피로, 공감과 격려가 이끄는 길은 탐구와 성장으로 이어진다. 오늘도 부모의 목소리는 아이의 뇌 지도에 또 하나의 길을 그리고 있다. 그 길이 두려움의 골목일지, 희망의 대로일지는 부모의 선택에 달려 있다.

오늘부터 실천하는 뇌 지도 그리기

매일 3문장 도전

"다르게 생각해도 괜찮아."

"첫 단추, 어디서 끼울까?"

"네 마음을 한 단어로 붙여보자."

일주일 말투 실천법

- 월요일: 감정 명명하기 ("속상했구나." "기쁘구나.")

- 화요일: 열린 질문하기 ("어떻게 하면 좋을까?")

- 수요일: 선택권 주기 ("A와 B 중 어느 게 좋을까?")

- 목요일: 과정 인정하기 ("노력하는 모습이 보여.")

- 금요일: 함께 계획하기 ("우리가 할 수 있는 것은?")

- 토요일: 창의적 질문하기 ("다른 방법도 있을까?")

- 일요일: 격려와 응원하기 ("네가 해낼 줄 알았어.")

아이의 뇌 GPS가 되는 부모의 목소리

닫힌 질문은 아이를 방어의 골목으로 몰고, 열린 질문은 사고의 광장으로 초대한다.

날카로운 목소리는 기억의 문을 닫지만, 따뜻한 목소리는 학습의 문을 연다.

무심한 지시는 발걸음을 주저하게 만들고, 공감의 언어는 아이를 탐구와 성장의 길로 이끈다.

오늘도 부모의 말투는 아이의 뇌 문을 닫을 수도, 열 수도 있다. 그 방향은 결국 당신의 한마디가 정한다.

오늘의 말투 한마디

"다르게 생각해도 괜찮아."

연령별 뇌 발달과 맞춤 대화법

"발달 단계마다
필요한 목소리가 다르다"

0~2세
(기호 발달기)

아기의 첫 언어는 안전이다

아기가 처음 배우는 '안전의 언어'

아기가 세상에 태어나 처음 배우는 언어는 단어가 아니다. 안전의 언어다. 눈빛, 호흡, 그리고 무엇보다 부모의 목소리가 "이 세상은 안전하다"는 신호를 보낸다.

0~2세는 뇌의 기본 토대가 집중적으로 자라는 시기다. 뇌과학 연구에 따르면, 태어날 때 성인 뇌의 약 1/4 크기였던 아기의 뇌는 첫해에 두 배로 성장하며, 3세까지 성인 뇌의 80%에 달한다. 이때의 말투는 단순한 습관이 아니라 평생의 신경 회로를 새기는 신호다.

따뜻한 목소리는 심박을 고요히 맞추고, 일관된 말투는 예측 가능한 세계를 만든다. 부모의 한마디가 아이의 삶 전체를 버틸 기초 토대가 된다.

생존과 애착이 최우선인 뇌

아기의 뇌는 건물의 층을 쌓듯 발달한다. 하버드 대학 아동발달센터의 연구에 따르면, 뇌 발달은 명확한 계층 구조를 따른다.

뇌 발달의 3단계

- 뇌간 및 기본 생존 회로(태생기~2세): 호흡·심박·체온·수면, 안전감/각성 상태 조절
- 변연계(1~5세): 감정, 애착, 사회적 관계의 기초
- 대뇌피질(3세 이후): 사고, 언어, 창의성, 고차원적 인지 기능

기초가 흔들리면 위층도 흔들린다. 초기의 안전감이 확보되지 않으면 이후 학습·정서 발달이 계속 요동친다. 즉, 0~2세의 말투는 뇌의 기본 구조물을 다지는 건축 언어인 것이다.

실제 뇌 과학 데이터

- 초기 몇 년 동안 매초 100만 개 이상의 새로운 시냅스가 형성
- 생후 첫해에 뇌 부피가 거의 두 배로 성장

- 성숙한 뇌에서 유지될 것보다 최대 40% 더 많은 시냅스가 초기
  에 과잉 생산됨

뇌간이 원하는 것 - 예측 가능성과 안정

0~2세의 뇌는 스트레스에 매우 민감하다. 뇌는 "안전하다"는 메시
지를 얼마나 자주, 얼마나 일관되게 받는지에 따라 회로를 설계한다.

세다스-사이나이 의료센터의 웨이 가오Wei Gao 박사 연구팀은 생
후 첫 2년 동안 형성되는 뇌 연결 중에서 기본 운동 연결과 함께 사
회-정서적 연결이 가장 먼저 만들어진다고 발표했다. 가오 박사는
"사회-정서적 발달이 뇌 발달의 핵심 계층을 통합하는 주요 구성 요
소"라며 "감각·운동 영역에서 시작하여 조기 생존을 보장한 후, 정신
적 웰빙, 학습 및 적응에 중요한 더 정교한 사회·정서 조절 기능을 개
발하기 위해 고차원 인지 영역으로 진행한다."라고 강조했다.

안정적 뇌 발달을 위한 3가지 요소

- 예측 가능한 양육 패턴: 같은 상황에 같은 말투 → 세상이 이해
  가능한 곳으로 느껴짐
- 일관된 목소리 리듬: 불규칙한 억양보다 부드럽고 반복적인 리
  듬이 신경계를 안정화

　　　　　　엄마의 말투가 바뀌면 아이 뇌는 기적이 일어난다

- 따뜻한 톤: 낮고 포근한 목소리 → 심박·호흡이 가라앉고, 몸이 "괜찮다"를 학습

현장에서 관찰한 공통점은 분명하다. 같은 톤을 꾸준히 사용하는 부모의 아이가 더 빨리 안정된다. 리듬감 있는 반복은 아기를 진정시키고, 동시에 언어의 씨앗을 틔우는 작은 음악이 된다.

18개월 서율이의 극적인 변화

18개월 된 서율이는 밤마다 자주 깨고, 낮에도 작은 자극에 쉽게 울었다. 엄마의 마음은 지쳐가고 목소리는 점점 날카로워졌으며, 반응은 들쑥날쑥했다.

기존 패턴의 문제점

- 밤에 깨면: "또 깼네…" (지친 목소리)

- 울 때: "왜 울어?" (답답한 톤)

- 재우려 할 때: 매번 다른 방법과 다른 말

전환점

엄마는 "아기 뇌가 원하는 건 꾸준한 안정"임을 이해하고 다음을

실천했다.

- 하루 일과 고정화: 기상 → 식사 → 놀이 → 낮잠 → 목욕 → 잠자
  리 리듬을 일정하게 유지
- 고정 문장 사용

  - 잠자리: "잘 자자, 꿈나라로 가자." (매번 동일한 톤과 리듬)

  - 안정화: "괜찮아, 엄마가 여기 있어." (낮고 부드러운 목소리)

  - 이별 시: "금방 올게, 여기서 기다려." (손 흔들며 동일한 패턴)

  - 목소리 톤 일관성: 어떤 상황에서도 낮고 부드러운 톤을 유지,
    속도를 평소보다 20% 느리게

3개월 후 놀라운 변화

- 밤중 각성 횟수: 평균 4-5회 → 1-2회로 감소
- 낮 울음 지속 시간: 평균 10분 → 3분으로 단축
- 눈 맞춤 시간: 하루 평균 50% 증가
- 새로운 환경 적응 속도: 현저히 향상

"엄마 목소리+일상의 반복+예측 가능성"이 서율이의 안전 지도를
다시 그린 것이다. 작게 변화였지만, 뇌에는 큰 길이 생겼다.

안전감을 만드는 말투 3원칙 (0~2세 기본)

뇌과학 연구를 바탕으로 한 구체적인 실천 방법을 살펴보자.

원칙 1: 리듬감 있는 반복

뇌의 기본 회로는 예측 가능한 리듬에서 안전을 느낀다. 특히 0~2세 시기에는 언어의 의미보다 리듬과 패턴이 더 중요하다.

예시

- 식사 시간: "맘마 맘마, 맛있는 맘마."
- 잠자리: "잘 자 잘 자, 꿈나라로 가자."
- 놀이 시간: "까꿍 까꿍, 우리 아기 까꿍."

원칙 2: 따뜻한 톤

목소리의 주파수와 속도가 아기의 자율신경계에 직접적으로 영향을 미친다. 낮고 부드럽게, 말의 속도를 한 박자 느리게 하는 것이 핵심이다.

구체적 실천법

- 평소 말하는 속도의 70% 수준으로 천천히

- 목소리 톤을 한 옥타브 낮게
- 각 단어 사이에 0.5초 정도의 여유 두기

예시

- "괜찮아. (짧은 숨) 엄마가 여기 있어."
- "천천히, (멈춤) 같이해 보자."

원칙 3: 일관된 패턴

같은 상황에는 같은 말투. 예측 가능성이 곧 안전이다. 아기의 뇌는 패턴을 통해 세상을 이해하려고 한다.

상황별 고정 문장

- 분리 순간: "금방 올게. (손인사) 여기에 있을게."
- 잠자리: "불 끄고 토닥토닥, 이야기는 두 개."
- 울음 진정: "속상했구나. (포옹) 엄마가 알고 있어."

월령별 말투 가이드

다음은 발달 단계에 따른 구체적인 실천법이다.

0~6개월: 짧고 부드러운 반복

이 시기는 기본적인 신뢰감과 안전감을 형성하는 결정적 시기다.

핵심 문장들

- "괜찮아, 괜찮아." (2~3회 반복)

- "사랑해, 사랑해." (눈을 맞추며)

- "예쁘다, 예쁘다." (미소와 함께)

실천 팁

- 토닥거리기 3회+깊은 숨 3박자 조합

- 아기의 호흡 리듬에 맞춰 말하기

- 눈 맞춤 최소 5초 이상 유지

6~12개월: 상호작용 리듬

이 시기부터 아기가 반응을 보이기 시작한다. 대화의 기초가 만들어지는 중요한 시기다.

상호작용 패턴

"까꿍!" (눈-목소리-미소의 3박자)

"그래? 정말이야?" (아기 소리에 즉시 반응)

"어디 있나? 여기 있네!" (숨바꼭질 놀이)

실천 팁

- 아기의 옹알이에 즉시 반응하기
- 같은 패턴을 5~10회 반복
- 아기가 웃으면 함께 웃어주기

12~24개월: 명확하고 따뜻한 언어

언어 폭발기가 시작되는 시기. 명확한 언어와 함께 여전히 따뜻한 감정적 지지가 필요하다.

일상 상황별 문장

"신발 신자, 하나 둘." (동작과 함께)

"엄마 금방 올게. 다섯(손가락) 셀 동안 기다렸다가 다시 와."

"정리하자, 하나씩 차근차근."

실천 팁

- 단순하고 반복적인 언어 사용

- 동작과 언어를 연결하여 말하기
- 아이의 시도를 즉시 인정해주기

피해야 할 말투

0~2세 시기에 특히 주의해야 할 말투들이 있다.

위험한 말투 패턴들

- 갑작스러운 큰 소리: "안 돼!" (경보 회로 과각성) → 아기의 스트레스 반응 시스템이 과도하게 활성화
- 차갑고 건조한 반응: "그만해." (애착 불안정 신호) → 정서적 연결감 손상
- 불일치한 태도: 같은 행동에 매번 다른 반응 → 예측 불가능성으로 인한 불안 증가

아기의 뇌는 작은 불일치에도 민감하다. '일관성=사랑=안정'이라는 공식을 기억하자.

- 불일치한 반응: 스트레스 호르몬 코르티솔 증가
- 큰 소리: 편도체 과활성화로 학습 능력 저하

• 차가운 톤: 애착 형성 방해, 사회성 발달 지연

상황별 미니 스크립트 (즉시 사용 가능)

실제 육아 현장에서 바로 사용할 수 있는 구체적인 문장들을 살펴보자.

상황 1: 잠투정

"졸리구나. (깊은 숨 3박자) 엄마가 여기 있어. 눈은 감고 (부드러운 토닥토닥) 꿈나라로 가자."

활용 팁

• 조명을 어둡게 하면서 말하기
• 토닥거리는 리듬을 일정하게 유지
• 같은 문장을 매일 반복 사용

상황 2: 분리 불안 (현관/어린이집)

"엄마는 (손가락 다섯을 보여주며) 다섯을 세고 다시 올게. 네가 보고 싶어서 빨리 올 거야. 여기 (사진이나 손수건 주며) 엄마 냄새가 있어."

 엄마의 말투가 바뀌면 아이 뇌는 기적이 일어난다

활용 팁

- 떠나기 전 5분간 충분한 스킨십
- 돌아올 시간을 구체적으로 설명
- 엄마의 물건을 맡겨두기

상황 3: 장난감/과자 떼쓰기

"갖고 싶었구나. (2초 멈춤) 지금은 못 사지만, 사진 찍어서 원하는 것 목록에 넣자. 다음에 고를 때 보자."

활용 팁

- 아이의 감정을 먼저 인정하기
- 대안을 구체적으로 제시
- 미래에 대한 희망 주기

상황 4: 낯가림

"처음이라 낯설지. (부드러운 포옹) 엄마 목소리 들리지? 괜찮아, 네 속도로 천천히."

활용 팁

- 아이를 다른 사람에게 억지로 맡기지 않기

- 아이의 감정을 충분히 수용하기

- 천천히 적응할 시간 주기

하루 루틴 예시 (안정 리듬 만들기)

일관된 하루 루틴은 아기에게 예측 가능한 안전감을 제공한다.

아침 루틴 (7:00~9:00)

- "좋은 아침" (미소와 함께)

- 커튼 열며 "햇빛이 반갑다."

- 10초 포옹하기

- "물 한 모금, 개운하다."

낮잠 전 루틴 (12:00~12:30)

- 책 1권 읽기 (같은 책 반복도 좋음)

- 불 어둡게 하며 "조용한 시간"

- 토닥토닥 20회 (일정한 리듬)

- 루틴 문장: "잘 자, 꿈나라로 가자."

저녁 루틴 (19:00~20:00)

- 따뜻한 목욕

- 로션 마사지 (부드러운 터치)

- "오늘 가장 즐거웠던 순간" 한마디

- 잠자리 문장 고정: "사랑해, 좋은 꿈 꿔."

핵심 포인트

- 루틴 문장은 매번 같은 단어, 같은 톤으로

- 시간은 유연하게, 순서는 일정하게

- 아이의 반응을 관찰하며 조정

우리 집 안정감 체크리스트

지난 하루를 떠올리며 체크해보자. (1점: 전혀 아님 ~ 5점: 매우 그럼)

일관성 영역

같은 상황에 같은 말투를 유지했다.	점
잠자리 루틴 문장을 같은 톤으로 말했다.	점
하루 일과의 순서를 일정하게 유지했다.	점

안정감 영역

아기가 울 때 먼저 멈추고 호흡했다.	점
"괜찮아/여기 있어."를 반복으로 들려줬다.	점
낮고 부드러운 목소리를 유지했다.	점

반응성 영역

큰 소리를 피하고, 속도·볼륨을 한 칸 낮췄다.	점
아기의 신호에 즉시 반응했다.	점
아이의 감정을 먼저 인정해줬다.	점

점수별 가이드

- 36~45점: 안정적 애착 형성 중, 현재 패턴 유지
- 27~35점: 좋은 기반, 한두 영역 보완 필요
- 18~26점: 일관성 부족, 루틴 재정비 필요
- 18점 미만: 부모 스트레스 관리부터 시작

개선 방향

- 18점 미만: 85p 부모 셀프 케어 루틴 매일 실행
- 26점 이하: 하나의 루틴(잠자리/식사)부터 일관성 만들기
- 35점 이하: 감정 반응 속도 높이기 연습

사랑의 목소리가 뇌의 기초를 세운다

아기의 뇌는 부모의 목소리를 통해 세상을 배운다. 예측 가능성은 "세상은 안전하다"를, 따뜻한 톤은 "나는 사랑받는다"를, 리듬 있는 반복은 "세상은 이해할 수 있다"를 심어준다.

0~2세의 시간은 돌아오지 않는다. 하지만 뇌의 가소성 덕분에 언제든 새로운 시작이 가능하다. 오늘 밤, 아기에게 속삭여보자.

"괜찮아, 엄마(아빠)가 여기 있어."

"잘 자, 꿈나라로 가자."

이 부드러운 반복이 바로 아이의 뇌에 평생의 안전 지도를 새기는 사랑의 언어다.

오늘의 말투 한마디

"엄마(아빠)가 여기 있어, 안심해도 돼."

3~5세
(감정 발달기)

감정의 언어를 배운다

감정과 기억, 자기조절이 함께 자라는 마법의 시기

4세 지민이는 유치원에서 친구들과 블록 놀이를 하다가 자신의 작품이 무너졌을 때 펑펑 울었다. 선생님이 다가와 "속상했겠구나. 열심히 만든 건데 무너져서 마음이 아프지."라고 말해주자, 지민이는 점차 진정되었고 "다시 만들어볼게요."라고 말할 수 있었다.

이때 지민이의 뇌에서는 어떤 일이 일어났을까?

편도체: 감정의 경보장치

편도체는 아몬드 모양의 작은 구조로, 해마 바로 옆에 위치하며 감정 반응의 중심 역할을 한다. 블록이 무너진 순간, 지민이의 편도체는 즉시 "위험 신호"를 감지하고 스트레스 호르몬인 코르티솔을 분비했다. 이는 투쟁-도피 반응을 활성화하여 지민이가 울음을 터뜨리게 만들었다.

하지만 선생님이 감정에 이름을 붙여주는 순간, 놀라운 변화가 일어났다. 신경과학 연구에서 '감정 라벨링affect labeling' 효과라고 불리는 현상이다. 감정을 언어로 표현하는 것은 편도체의 활동을 크게 감소시키고, 뇌의 우측 복외측 전전두피질을 활성화한다.

해마: 기억의 편집자

해마는 새로운 기억 형성의 중심지로, 감정과 기억을 연결하는 핵심 역할을 한다. 지민이의 해마는 이 경험을 "블록이 무너져서 속상했지만, 선생님이 내 마음을 알아주었고, 다시 시도할 수 있었던" 긍정적인 기억으로 저장했다. 이런 기억들이 쌓일수록 아이는 어려운 상황에서도 회복력을 갖게 된다.

전전두피질: 감정의 CEO

전전두피질은 25세까지 계속 발달하는 뇌 영역으로, 감정 조절과 실행 기능을 담당한다. 3~5세 아이들의 전전두피질은 아직 미성숙하지만, 부모나 교사의 도움을 받으면 점차 감정 조절 능력을 발달시킬 수 있다.

결론적으로, 3~5세는 단순히 말을 배우는 시기가 아니라 감정의 언어를 배우는 결정적 시기다. 이 시기 부모의 반응과 말투가 아이의 감정 어휘 사전을 채우고, "내 감정을 어떻게 다룰 것인가."라는 뇌의 설계도를 그린다.

감정 대화법 4단계

하버드 대학 의과대학의 아동·청소년·가족 심리학자들이 연구한 결과, 아이의 감정 발달을 돕는 대화에는 명확한 순서가 있다는 것이 밝혀졌다. 감정 → 공감 → 선택/지지 → 해결. 이 순서를 지키면 아이의 뇌는 안전하게 학습한다.

1단계: 감정 이름 붙이기 - 감정의 GPS 역할

감정에 이름을 붙이는 순간, 변연계의 감정 신호가 뇌의 언어 영역과 연결되면서 편도체의 과활성이 감소한다. 이를 신경과학에서는 '감정 라벨링' 효과라고 부른다.

사례: 5세 현우가 친구에게 놀림받고 집에 와서 화를 냈다.

- 잘못된 반응: "화내지 마. 별일 아니야."

- 올바른 반응:"친구가 놀려서 속상했구나. 화도 나고 부끄럽기도 하지."

- 바로 쓰는 문장

"네 마음 이름을 붙여보자. 화나고/서운하고/질투 나고/부럽고/ 신이 나는구나."

"지금 네 마음은 ○○색 같아 보여."

2단계: 선택권 주기 - 자율성 회로 강화

작은 선택권도 뇌에게 "나는 할 수 있다"는 메시지를 보내어 스트레스 호르몬인 코르티솔을 낮추고 자기조절을 쉽게 만든다.

사례: 3세 서연이가 마트에서 떼를 쓴다.

- 잘못된 반응: "당장 그만해! 사람들이 다 본다."

- 올바른 반응: "과자를 정말 갖고 싶구나. 지금 말로 설명해볼까, 아니면 1분 쉬고 말해볼까?"

- 바로 쓰는 문장

  - "혼자 있고 싶어? 엄마랑 같이 있을래?"

  - "말로 설명하기 vs 그림으로 그리기, 뭐가 좋아?"

3단계: 지지 표현 - 안전 기지 만들기

지지적인 언어와 따뜻한 톤은 부교감신경계를 활성화하고 옥시토신 분비를 증가시켜 정서적 안정감을 만든다.

사례: 4세 은비가 새로 온 동생 때문에 질투심을 보인다.

- 잘못된 반응: "언니가 되었으니까 참아야지."
- 올바른 반응: "엄마가 동생만 돌봐서 외로웠구나. 엄마가 옆에 있어. 네 마음은 소중해."
- 바로 쓰는 문장

  "네 마음은 안전해. 여기서 마음을 펼쳐도 괜찮아."

  "어떤 마음이든 엄마에게 말해도 돼."

4단계: 공감+해결 연결

- 전체 대화 흐름

  "속상했구나." (감정 인정)

  "엄마도 그랬을 것 같아." (공감)

  "그럼 어떻게 하면 좋을까?" (사고력 자극)

  "좋은 생각이야, 한번 해 보자." (행동 지지)

- 바로 쓰는 문장

"다음에 같은 일이 생기면 첫 한마디를 뭐라고 하고 싶어?"

"이 문제를 해결하는 방법을 3개 생각해볼까?"

현장에서 바로 쓰는 상황별 스크립트

상황 1: 떼쓰기 - 편도체 폭주 진정시키기

대형마트 과자 코너, 4세 아이가 바닥에 드러누워 울고 있다.

- 피해야 할 반응: "그만해! 창피하게. 사람들이 다 본다." "울면 집에 안 가."

- 권장 대화

  1단계: "과자를 정말 갖고 싶구나." (감정 인정)

  2단계: (3초 멈춤) "지금은 못 사지만…" (현실 인정)

  3단계: "사진 찍어서 '원하는 것 목록'에 넣자." (대안 제시)

  4단계: "집에 가서 그 사진 보면서 비슷한 간식을 만들어보자." (해결책)

욕구를 무효화하지 않고 인정한 후 대안으로 연결하는 것이 핵심이다. 3초간의 침묵은 아이의 신경계가 진정될 시간을 준다.

상황 2: 거짓말 - 정직성 회로 키우기

동생을 때리고도 "나 안 때렸어."라고 말하는 5세 아이.

- 피해야 할 반응: "거짓말쟁이는 아무도 안 믿어." "거짓말하면 코가 길어져."

- 권장 대화

  1단계: "엄마가 화낼까 봐 무서웠구나." (숨은 감정 읽기)

  2단계: "솔직히 말해도 괜찮아. 엄마는 네 편이야." (안전감 제공)

  3단계: "동생 마음은 어땠을까?" (관점 확장)

  4단계: "다음에는 어떻게 하면 좋을까?" (해결 방향)

4세경부터 아이들은 타인의 마음을 이해하는 능력(마음이론)이 발달하기 시작한다. 처벌보다는 타인의 관점을 생각해보게 하는 것이 공감 회로를 강화한다.

상황 3: 친구 갈등 - 사회성 회로 구축

유치원에서 친구와 다투고 울며 집에 온 아이.

- 피해야 할 반응: "네가 잘못했으니 먼저 사과해." "친구 없어도 괜찮아."

- 권장 대화

  1단계: "친구와 싸워서 속상했겠구나." (감정 공감)

  2단계: "네 마음은 이랬고, 친구 마음은 어땠을까?" (양측 관점)

3단계: "내일 만나면 무슨 말을 먼저 해 보고 싶어?" (능동적 해결)

4단계: "그 말을 연습해볼까?" (행동 준비)

3~5세는 상호작용 놀이가 발달하고 협동과 공유 기술을 배우는 시기다. 친구의 마음을 상상해보는 연습이 사회적 뇌 회로를 강화한다.

감정 어휘를 넓히는 5가지 놀이

놀이는 아이들이 저항 없이 학습할 수 있는 최고의 방법이다. 다음 놀이들은 실제 유치원과 가정에서 검증된 활동들이다.

1. 감정 색깔 놀이

준비물: 색연필, 도화지

방법: "오늘 마음은 무슨 색이야?"

진행: 아이가 선택한 색으로 동그라미를 그리고 한 줄 설명 쓰기

예시: "오늘 마음은 파란색이야. 친구랑 놀아서 시원하고 좋았어."

2. 감정 날씨 놀이

준비물: 날씨 카드(맑음, 흐림, 비, 무지개 등)

방법: "마음 날씨는 어때?"

진행: 날씨 선택 후 이유 말하기

예시: "마음이 비 와. 엄마가 혼내서 슬펐어."

3. 감정 동물 놀이

방법: "화날 때는 어떤 동물 같아?"

진행: 그 동물처럼 10초간 표현 후 말로 번역

예시: "화나면 사자 같아. 으르렁거리고 싶어."

4. 표정 빙고 게임

준비물: 기쁨, 놀람, 질투, 부러움 등의 표정 카드

진행: 같은 표정을 거울로 만들어보고 그때의 경험 말하기

5. 마음 우체통

방법: 자기 또는 가족에게 오늘 마음 편지 한 줄 쓰기

진행: 저녁에 편지 낭독하며 대화

부모는 모든 놀이 후에는 반드시 한 문장으로 마무리한다.

"그래서 네 마음은 ○○+△△였구나. 말해줘서 고마워."

1. 감정 무시형

예시: "남자애가 왜 울어?" "그런 걸로 화내면 안 돼."

뇌과학적 문제: 감정을 무시당한 아이는 감정 표현을 금지된 것으로 인식하여 나중에 감정 회피 패턴을 보인다.

2. 성급한 해결형

예시: "그만 울고 이거 해 봐." "빨리 해결책 생각해."

뇌과학적 문제: 감정 처리 과정을 건너뛰면 자기 이해 능력이 약화된다.

3. 비교·평가형

예시: "○○이는 안 그런데 넌 왜 그래?" "이럴 줄 알았어."

뇌과학적 문제: 비교는 자존감을 하락시키고 경쟁과 수치심 회로를 강화한다.

대체 문장 제안

"울어도 돼. 다만 말로도 알려줄래?"

"먼저 마음을 정리하고, 방법을 찾아보자."

"어제의 너와 오늘의 너를 비교해보자. 달라진 점이 있네!"

하루 3분으로 만드는 감정 습관

아침 3분: 감정 온도 체크

"오늘 마음 색깔은?" (색깔 스티커로 표시)

하원 길 3분: 하루 요약

"오늘 재밌었던 순간 1개"

"어려웠던 순간 1개"

저녁 3분: 3·3·3 대화

감정 이름 3개 말하기

할 수 있는 방법 3개 생각하기

내일 시도할 것 3개 중 1개 선택하기

잠자리 고정 문장

"오늘 마음을 잘 돌봤어. 내일도 같이 해 보자."

재미있는 팁: 뇌는 단순·확실·자주를 사랑한다. 감정 교육의 비밀 도구는 스티커와 반복이다!

부모의 감정부터 안전하게: 셀프 케어 루틴

아이의 감정 교육은 부모의 안정된 뇌 상태에서 시작된다. 하버드 의과대학의 연구에 따르면, 부모가 감정적으로 불안정하면 아이에게 건전한 감정 조절을 가르치기 어렵다. 감정은 전염성이 있어서, 부모가 화가 나 있으면 아이도 자동으로 불안해진다.

5초 멈춤 테크닉

멈춤 5초 → 어깨 힘 빼기

호흡 4-6 → 4초 들이마시고 6초 내쉬기×5회

셀프 토크 → "나는 지금 충분히 잘하고 있어. 한 박자 천천히."

톤 체크 → 목소리 볼륨과 속도 한 칸 낮추기

부모 감정 응급처치 문장

"지금 내가 화가 나 있구나. 잠깐 정리하고 올게."

"엄마도 실수할 수 있어. 다시 시작해보자."

"우리 모두 배우는 중이야. 천천히 가자."

일주일 체크리스트

다음 5문항을 5점 척도로 평가해보자. (1점: 전혀 못함 ~ 5점: 매우 잘함)

아이 감정에 구체적인 이름을 붙여줬다. (예: "속상하다" 대신 "서운하고 질투도 나는구나")	점
아이에게 의미 있는 선택권을 주었다. (예: "말로 설명 vs 그림 그리기" 등)	점
"괜찮아, 네 마음은 소중해"류의 지지 메시지를 전했다.	점
"그럼 어떻게 하면 좋을까?"로 해결을 아이 스스로 생각하게 했다.	점
다른 아이와 비교하지 않고 어제의 아이와 오늘의 아이를 비교했다.	점

점수별 가이드

- 22~25점: 감정 문법이 안정적으로 정착되고 있다.

- 16~21점: 좋은 상태다. 한 영역(선택권/해결 연결)을 더 보완해보자.

- 15점 이하: 1주일간 '감정 이름 붙이기'에 집중해보자.

감정 교육의 황금기를 놓치지 말라

뇌과학 연구에 따르면, 3~5세의 변연계는 평생 사용할 감정 회로의 기본 설계도를 만드는 시기다. 이 시기에 뇌의 감정 조절 능력이 급속도로 발달하며, 특히 감정과 관련된 신경 가소성이 가장 높다. 이때 부모가 아이의 감정 번역가 역할을 해줄 때, 아이는 다음과 같은 평생의 선물을 받게 된다.

- 정확한 감정 표현 능력 - 자신의 내면을 명확히 이해하고 표현
- 타인 마음 읽기 능력 - 상대방의 감정을 헤아리는 공감 능력
- 역경 극복 능력 - 어려운 상황에서도 감정을 조절하며 해결책 찾기
- 건강한 관계 형성 능력 - 갈등 상황에서도 소통으로 문제 해결

따뜻하고 일관성 있는 부모의 말투는 아이의 뇌에 이렇게 새겨진다. "내 감정은 소중하다. 나는 이해받을 수 있다. 세상은 안전하다."

오늘의 말투 한마디

"네 감정을 말해줘서 고마워. 그 마음과 함께 방법을 찾아보자."

6~9세
(초등 시기, 사고 발달기)

생각하는 힘을 기른다

아이의 뇌에 사고의 엔진이 시동을 건다

6세 유경이가 수학 숙제를 앞에 두고 멍하니 앉아 있었다. 과거 같았다면 엄마는 다가가서 "20-3은 17이야."라고 답을 알려주었을 것이다. 하지만 부모교육 훈련을 받은 엄마는 다르게 접근했다.

"유경아, 이 문제를 어떻게 해결하면 좋을까? 네 생각은 어때?"

유경이는 잠시 생각하더니 말했다. "음… 20개에서 3개를 빼는 거니까, 손가락으로 셀 수도 있고, 머릿속으로 그림을 그려볼 수도 있어요."

이 작은 변화 속에는 놀라운 뇌과학의 비밀이 숨어 있었다. 첫 번째 대화에서는 유경이의 해마(기억 저장소)만 활성화되었지만, 두 번째 대화에서는 전전두피질(사고와 계획의 중심)이 깨어나기 시작했다.

뇌의 CEO, 전전두피질이 본격 가동되다

6~9세(초등 시기)는 아이의 뇌가 본격적으로 생각하는 기계로 전환되는 시기다. 이때 부모의 말은 정답을 제공하는 지시문이 아니라, 전두엽을 깨우는 점화 스위치가 되어야 한다.

전전두피질: 사고의 사령탑

6~9세는 뇌의 전전두피질prefrontal cortex이 급속히 발달하는 시기다. 전전두피질은 뇌의 CEO와 같은 역할을 하며, 다른 뇌 영역들을 조율하고 복잡한 사고 과정을 관리한다.

전전두피질의 4가지 핵심 기능

1. 실행 기능 Executive Function

- 계획 수립: 목표를 세우고 단계별로 실행
- 우선순위 설정: 중요한 것과 덜 중요한 것 구분
- 목표 달성: 계획을 끝까지 수행하는 능력

2. **작업 기억**Working Memory

- 정보를 일시적으로 저장하고 조작

- 여러 정보를 동시에 처리

- 문제 해결을 위한 정보 통합

3. **인지적 유연성**Cognitive Flexibility

- 관점 전환 능력

- 새로운 방법 찾기

- 상황에 맞는 전략 선택

4. **억제 조절**Inhibitory Control

- 충동적 반응 억제

- 부적절한 반응 멈추기

- 상황에 맞는 적절한 선택

백질 발달: 사고의 고속도로

이 시기에는 신경섬유를 둘러싼 수초myelin가 급속히 발달하여 신경 신호 전달 속도가 빨라진다. 연구에 따르면 6~7세 아이들의 불완전한 수초화는 행동적 이상과 관련이 있으며, 복잡한 시각운동 기능의 전달을 방해한다.

6세 무렵의 아이들은 다음 발달 단계를 따른다.

- 단순한 지시 따르기 → 계획적 사고로 전환

- 즉각적 반응 → 예측과 전략을 고려한 반응

- 단편적 기억 → 통합적 이해로 발전

발달 단계별 사고력 질문법

초기 단계(6~7세): 기초 사고 회로 형성

- 특징: 구체적 사고, 단순한 인과관계 이해

- 추천 질문

"네 생각은 어때?"

"다음에는 어떻게 하고 싶어?"

"왜 그럴까?"

- 실제 대화 예시: 아이가 블록 탑이 무너졌을 때 "괜찮아, 엄마가 다시 쌓아줄게"가 아니라 "어? 왜 무너졌을까? 다음엔 어떻게 하면 안 무너질까?"라고 말하기

발전 단계(7~8세): 추상적 사고 시작

- 특징: 복잡한 문제 분석, 여러 관점 고려 시작
- 추천 질문

"왜 그렇게 됐을까?"

"다른 방법은 없을까?"

"만약 ~라면 어떻게 될까?"

- 실제 대화 예시: 숙제를 미루고 있을 때 "지금 당장 숙제해!"가 아니라 "숙제를 지금 할까, 10분 쉬고 할까? 네 생각은 어때? 각각의 장단점을 생각해볼까?"와 같이 말하기

성숙 단계(8~9세): 체계적 사고 발달

- 특징: 논리적 추론, 장기 계획, 복합적 문제 해결
- 추천 질문

"여러 방법 중 최선은? 이유는?"

"장점과 단점을 비교해볼까?"

"이 경험에서 배운 점은 뭐야?"

- 실제 대화 예시: 친구와 갈등이 생겼을 때 "가서 사과해"가 아니라 "친구 입장에서는 어떻게 느꼈을까? 너의 입장도 말해보자. 서로 이해할 수 있는 방법을 3가지 생각해볼까?"와 같이 말하기

상황별 사고력 대화법

숙제 상황: 계획력과 실행 기능 훈련

2학년 시우가 수학 문제지를 보며 "어려워요…" 하고 있을 때

- 압박형: "안 하면 TV 금지야!"
- 계획형:

  엄마: "문제가 많아 보이네. 이걸 작은 덩어리로 나눠볼까?"

  시우: "어떻게요?"

  엄마: "한 번에 몇 문제씩 하면 좋을까? 네 생각은?"

  시우: "3문제씩?"

  엄마: "좋아! 그럼 순서는 어떻게 정할까? 쉬운 것부터? 어려운

  것부터?"

- 뇌과학적 해설: 큰 과제를 작은 단위로 나누는 것은 작업 기억의 부담을 줄이고 실행 기능을 활성화한다. 아이 스스로 계획을 세우면 전전두피질의 계획 회로가 강화된다.

시험 준비: 메타인지와 학습 전략

3학년 예린이의 경우

- 결과 중심: "100점 받아야 해."

- 과정 중심:

  엄마: "이번 시험에서 배우고 싶은 것은 뭐야?"

  예린: "한글 받아쓰기요."

  엄마: "네가 잘 외우는 방법은 뭐지? 소리 내서 읽기, 쓰면서 외우기, 퀴즈 놀이 중에 어떤 게 맞아?"

  예린: "쓰면서 외우는 게 좋아요."

  엄마: "그럼 그 방법으로 해 보고, 얼마나 기억하는지 확인해볼까?"

- 뇌과학적 해설: 메타인지적 접근은 아이가 자신의 학습 과정을 의식적으로 관리하게 하여 더 효과적인 학습 전략을 개발한다.

학교생활: 사회적 문제 해결과 관점 전환

1학년 도윤이가 선생님에게 혼났을 경우

- 일방적 훈계: "왜 선생님 말씀 안 들었어?"
- 관점 탐색:

  엄마: "그때 네 생각은 뭐였니?"

  도윤: "친구가 연필을 빌려달라고 해서 주려고 했어요."

  엄마: "친구를 도우려고 했구나. 선생님 입장에서는 어떻게 보였을까?"

  도윤: "수업 시간에 돌아다니는 것처럼 보였을 것 같아요."

엄마: "그럼 다음에는 어떻게 하면 친구도 돕고 선생님도 이해할
수 있을까?"

- 뇌과학적 해설: 관점 전환은 사회적 인지 능력과 공감 회로를 강
화하며, 복잡한 사회적 문제 해결 능력을 기른다.

하루 3분으로 만드는 사고력 루틴

아침 3분: 하루 목표 설정

- 대화: "오늘 가장 중요한 세 가지는 뭐야?"

- 뇌 효과: 목표 설정과 우선순위 회로 활성화

하교 길 3분: 성찰과 분석

- 질문 3연타:

"재밌었던 일 1가지"

"어려웠던 일 1가지"

"내일 다르게 해 볼 일 1가지"

- 뇌 효과: 성찰 능력과 인지적 유연성 강화

저녁 3분: 계획과 회고

- 대화 흐름:

  "오늘 계획 중 잘된 점 1개"

  "다르게 할 점 1개"

  "내일 첫 걸음은?"

- 뇌 효과: 메타인지와 실행 기능 발달

전두엽을 방해하는 말투, 이렇게 바꾸자

즉답 요구형의 문제

"빨리 대답해!"

- 뇌 상태: 스트레스 호르몬 분비 증가, 전전두피질 활동 억제
- 결과: 충동적 반응, 깊은 사고 차단

  → "생각할 시간 30초 줄게."

- 뇌 상태: 안정된 상태에서 전전두피질 활성화
- 결과: 신중한 사고, 창의적 아이디어 발현

정답 강요형의 위험

"내 말이 맞아."

   엄마의 말투가 바뀌면 아이 뇌는 기적이 일어난다

- 뇌 상태: 자기주도적 사고 회로 비활성화

- 결과: 수동적 학습자, 비판적 사고 능력 저하

  → "네 해법을 3줄로 설명해볼래?"

- 뇌 상태: 언어적 추론과 논리적 구성 능력 활성화

- 결과: 능동적 학습자, 설명 능력 향상

결과 집착형의 한계

"결과가 다야."

- 뇌 상태: 외재적 동기 의존, 스트레스 증가

- 결과: 실패 두려움, 창의성 저하

  → "과정에서 배운 것 1개 말해줘."

- 뇌 상태: 내재적 동기 강화, 성찰 능력 발달

- 결과: 실패를 성장 기회로 받아들임, 회복탄력성 향상

집중력 회복 프로토콜

연구에 따르면, 6-9세 아이들의 집중력 한계는 '나이×3~5분'이다. 8세라면 24~40분이 집중의 한계점이다. 이를 고려한 과학적 회복 방법이 있다.

- 1단계 감정 체크(10초): "지금 마음 이름은?" (지루함/불안/짜증 등)

- 2단계 미세 목표(30초): "5분간 한 덩어리만 해 보자."

- 3단계 시각적 도구(1분): 모래시계나 타이머 활용

- 4단계 미세 보상(1분): 5분 몰입 후 1분 스트레칭

- 5단계 정리(1분): "오늘 배운 핵심 1문장" 메모

짧은 집중 구간과 적절한 휴식은 전전두피질의 부담을 줄이고 지속적인 주의 집중을 가능하게 한다.

작업 기억의 발달 양상

연구에 따르면 작업 기억은 유아기부터 청소년기까지 천천히 발달한다. 8세까지도 아이들은 성인이 기억할 수 있는 항목의 절반 정도만 유지할 수 있다.

연령별 작업 기억 발달

- 6~8세: 평균 2~3개 항목 유지 가능

- 9~10세: 평균 3~4개 항목 유지 가능

- 성인: 평균 4~5개 항목 유지 가능

뇌과학적 근거: fMRI 연구에서 아이들은 성인에 비해 전전두피질과 두정피질의 활성도가 낮게 나타났으며, 나이가 들수록 이 영역들의 활성도가 증가했다.

그리고 인지적 유연성은 3~5세 사이에 급격히 발달하며, 청소년기까지 지속적으로 향상된다.

인지적 유연성의 발달

- 3세: 단순한 규칙 전환 가능
- 4~5세: 충돌 상황에서의 규칙 전환 발달
- 6~9세: 복잡한 다중 규칙 전환 가능

황금 원칙 3가지

1. 기다림의 힘

3초 침묵이 30년 사고력을 만든다. 연구에 따르면, 질문 후 3초간의 침묵은 아이의 뇌에 다음과 같은 긍정적인 영향을 미친다.

- 전전두피질 활성도 30% 증가
- 스트레스 호르몬 20% 감소
- 자신감 향상

2. 질문의 힘

"어떻게 생각해?"가 판단력을 키운다. 연구 결과, 질문을 많이 받은 아이들은 다음과 같은 역량을 키울 수 있었다.

- 비판적 사고력 향상
- 창의적 문제해결 능력 증가
- 자기효능감 상승

3. 과정의 힘

"어떻게 그렇게 생각했니?"가 창의성을 키운다. 과정에 초점을 맞춘 질문은 아이의 사고 과정을 메타인지 차원에서 성찰하게 한다. 연구에 따르면, 이는 창의적 사고의 핵심인 발산적 사고와 수렴적 사고를 모두 활성화시킨다.

일주일 체크리스트: 부모 자가진단

다음 5문항을 5점 척도로 평가해보자. (1점: 전혀 못함 ~ 5점: 매우 잘함)

"어떻게 생각해?"로 생각을 먼저 물었다.	점
"다른 방법은?"으로 대안을 열어주었다.	점
"왜 그럴까?"로 인과관계를 짚어주었다.	점
결과보다 과정을 칭찬했다.	점
잠자리에서 기쁨·배움·감사를 확인했다.	점

점수별 가이드

- 22~25점: 전두엽 사고 루틴이 안정적으로 정착되고 있다.

- 16~21점: 좋은 상태이다. "대안 열기"나 "과정 칭찬" 영역을 더 보완해보자.

- 15점 이하: 1주일간 "첫 질문은 무조건 생각 묻기"에 집중해보자.

질문이 만드는 기적: 20년 후를 내다보며

연구에 따르면, 6~9세 시기에 체계적인 사고력 교육을 받은 아이들은 성인이 되어서도 더 나은 문제 해결 능력과 창의성을 보인다. 그리고 20년 후 이런 성인으로 자란다.

오늘부터 시작해보자. 질문하는 부모, 기다려주는 부모가 되어 보자. 아이의 20년 후가 달라진다.

"아이를 믿고 기다리는 부모가 자기주도적 리더를 키운다"

오늘부터, 우리 아이에게 질문해보자. "네 생각은 어때?"

20년 후 이런 사람이 된다

- 자기 주도적 학습자: 스스로 질문하고 답을 찾아가는 사람

- 창의적 문제 해결자: 다양한 관점에서 해결책을 찾는 사람

- 비판적 사고자: 정보를 분석하고 판단하는 사람

- 소통 전문가: 상대방의 입장을 이해하며 대화하는 사람

오늘의 말투 한마디

"천천히 생각하고 해도 돼."

오늘부터 시작할 수 있는 3가지

- 질문하기: "네 생각은 어때?"
- 기다리기: 아이가 답할 때까지 3초 기다리기
- 격려하기: 결과보다 시도와 과정 인정하기

아이의 특성 및 상황별 뇌 발달 지원 대화법

"24시간,
모든 순간이 성장의 기회다"

하루 24시간
말투 루틴

일상의 말 한마디가 아이의 뇌를 설계한다

반복이 만드는 신경 고속도로: 미엘린의 과학

미엘린은 신경세포 축색 주변을 둘러싸는 절연막으로, 신경계의 정상적인 기능에 필수적이다. 미엘린 껍질의 발달은 고차원적인 인지기능을 담당하는 신경계를 통해 빠르고 동기화된 소통을 가능하게 한다.

초기 유아기 동안 미엘린화는 서로 다른 속도로 발달한다. 뇌의 뒤쪽과 상단 부분, 그리고 출생 시 가장 덜 성숙한 영역들이 가장 빠르게 발달한다. 연구에 따르면, 조기 발달 단계에서 아이들이 듣는 성인 언어의 양이 언어 관련 뇌 영역의 미엘린화에 결정적이다.

긍정적 말투의 반복 효과

- 따뜻한 인사 → 안정감 회로 강화
- 격려의 말 → 자신감 회로 구축

공감적 대화 → 감정조절 회로 발달

부정적 말투의 반복 위험

- 재촉과 비난 → 스트레스 회로 고착화
- 무시와 거부 → 불안 회로 강화
- 비교와 평가 → 수치심 회로 형성

0~3세: 미엘린 생성의 황금기

출생 후 3년까지의 기간은 뇌의 백질에서 올리고덴드로사이트 수가 급격하고 선형적으로 증가하는 시기로, 출생 시 약 70억 개에서 3세 때 280억 개까지 증가한다. 매월 6억 개씩 증가하는 속도다. 초기 아동기는 학습과 사회적 기술 발달에 민감한 시기이며, 사회적 처리를 담당하는 뇌 영역의 성숙이 이후 사회-감정적 역량의 기초를 형성한다.

따라서 이 시기 부모의 일관된 말투는 단순한 소통을 넘어서 아이의 뇌 구조 자체를 형성하는 중요한 요소가 된다.

24시간 뇌 친화적 말투 루틴

1. 아침(6:30~8:00): 뇌를 여는 첫 인사

깨어난 뇌는 밤 동안의 깊은 휴식에서 천천히 각성하는 중이다. 기상 후 첫 30분간의 자극이 하루 전체의 신경계 톤을 결정한다는 연구 결과가 있다.

뇌를 닫는 말: 편도체를 자극하는 말

"빨리 일어나! 또 늦겠어!"

"왜 이렇게 게으르니?"

"시간 없어, 서둘러!"

뇌를 여는 말: 전전두피질을 활성화하는 말

"좋은 아침, ○○아. 잘 잤어?"

"오늘은 어떤 멋진 하루가 될까?"

"천천히 해도 괜찮아. 함께 준비하자."

사례: 민준이(7세)의 2주 실험

- 실험 전: 매일 "빨리 해!"를 듣던 민준이는 아침마다 울음을 터뜨

  엄마의 말투가 바뀌면 아이 뇌는 기적이 일어난다

리며 준비 시간이 40분 걸렸다.

- 실험 내용: 첫 인사를 "좋은 아침, 민준아. 네가 있어서 든든해."
  로 바꾸고 2주간 지속.

- 놀라운 결과:

  - 준비 시간: 40분 → 25분으로 단축

  - 아침 울음: 주 5회 → 0회

  - 스스로 옷 입기: 0% → 80% 달성

- 뇌과학적 해석: 따뜻한 첫 인사가 옥시토신 분비를 촉진하고 전
  전두피질을 활성화하여 '전두엽 ON, 편도체 OFF' 스위치 역할을
  한다.

아침 3문장 루틴 (소요시간: 1분)

1. "오늘 기대되는 일 하나?"

   뇌 효과: 목표 지향적 사고 활성화

2. "도움이 필요하면 신호 보내줘."

   뇌 효과: 안전감과 자율성 동시 제공

3. "첫 단추는 무엇부터 끼울까?"

   뇌 효과: 계획 수립과 실행 기능 훈련

2. 식사 시간(8:00, 12:00, 18:00): 정서가 곧 영양이다

식탁은 영양 섭취 공간이자 정서 교류의 핵심 무대다. 식사 중 긍정적 상호작용이 아이의 사회적 뇌 발달을 촉진한다는 연구 결과가 있다.

소화를 막는 말: 스트레스 호르몬을 증가시키는 말

"편식하지 마! 다 먹어!"

"왜 그렇게 지저분하게 먹어?"

"빨리 먹고 공부해!"

뇌를 살리는 말: 감각 통합을 돕는 말들

"이 음식은 무슨 색 같아?"

"씹을 때 어떤 소리가 나니?"

"같이 먹으니까 더 맛있네!"

사례: 편식하던 서현이(5세)

- 문제: 브로콜리, 당근 등 채소를 극도로 거부

- 새로운 접근

"브로콜리는 작은 숲 같네. 오늘은 숲을 먹는 날!"

"당근이 아삭아삭 소리를 내네. 토끼가 되어볼까?"

- 결과: 3주 만에 거부했던 채소 5가지 중 4가지를 자발적으로 섭취

- 뇌과학적 해석: 상상력과 감각을 연결한 언어가 전전두피질의 창의성 영역과 감각 통합 영역을 동시에 활성화하여 호기심이 거부감을 이긴다.

식사 3문장 루틴 (소요시간: 5분)

1. "오늘의 색/소리/냄새는?" (감각 질문)

   뇌 효과: 감각 통합과 언어 발달

2. "이 음식이 도와주는 힘은 뭘까?" (지식 연결)

   뇌 효과: 논리적 사고와 호기심 자극

3. "고마운 사람을 한 명 떠올려보자." (감사 표현)

   뇌 효과: 긍정 정서와 사회적 연결감 강화

3. 학습 시간(15:00~17:00): 전전두피질 훈련장

오후는 인지 각성도가 높아 학습에 적합한 시간이다. 하지만 재촉과 비교는 편도체 경보를, 질문과 격려는 전전두피질 점화를 일으킨다.

학습 4단계 미세 루틴 (10~15분)

- 1단계: 분할

"이 문제를 작은 덩어리 3개로 나누자."

뇌 효과: 작업 기억 부담 감소, 실행 기능 활성화

- 2단계: 순서

"왜 그 순서가 좋다고 생각해?"

뇌 효과: 논리적 추론과 계획 수립 능력 강화

- 3단계: 타이머

"10분 몰입, 2분 스트레칭을 해 보자."

뇌 효과: 주의 집중과 회복의 리듬 형성

- 4단계: 회고

"오늘 배운 핵심 1문장은?"

뇌 효과: 메타인지와 장기 기억 강화

사례: 딴짓 잦던 2학년 현수

- 문제: 30분 과제에 2시간 소요, 집중력 3분 지속
- 적용 루틴: "몰입 10분 - 휴식 2분" 리듬 도입
- 결과: 3일 후 과제 완성 시간 30% 단축, 딴짓 빈도 70% 감소
- 핵심: 전전두피질은 리듬을 사랑한다. 예측 가능한 패턴이 뇌의 효율성을 극대화한다.

4. 귀가·재회 시간(17:00~18:00): 애착 충전소

하루를 밖에서 보낸 아이에게 집은 감정적 안전기지가 되어야 한다. '서브 앤 리턴Serve and Return' 상호작용이 뇌 발달의 핵심이라는 연구 결과가 있다.

재회 의식 3단계

- 1단계: 물리적 연결(30초)

  포옹 3초+"돌아와 줘서 고마워."

  뇌 효과: 옥시토신 분비로 스트레스 완화

- 2단계: 감정적 연결(2분)

  "오늘의 모험 한 가지는?"

  "쉬웠던 순간과 어려웠던 순간 각각 하나씩?"

  뇌 효과: 하루 경험의 정서적 통합

- 3단계: 미래 연결(1분)

  "내일 가장 기대되는 일은?"

  뇌 효과: 희망과 기대감으로 미래 지향적 사고 강화

5. 놀이 시간(18:00~19:00): 창의성 폭발 시간

놀이는 아이의 뇌가 가장 자유롭게 연결을 만들어가는 시간이다.

자유로운 놀이 시간에 창의성과 관련된 뇌 영역이 가장 활발하게 활동한다는 연구 결과가 있다.

창의성을 키우는 놀이 언어

- 확장 질문

"다음 장면은 어떻게 될까?"

"가장 쉬운 버전으로 해 보면?"

"완전히 다른 방법으로는?"

- 지지 언어

"네 아이디어가 정말 신선해!"

"그런 생각을 어떻게 했니?"

"실패해도 괜찮아. 새로운 발견이야!"

- 창의성의 비밀 양념: '다음에'와 '가장 쉬운 버전'이다!

갈등 상황: 감정→문제해결 루트

갈등은 아이의 사회적 뇌를 발달시키는 연습 기회다. 갈등 해결 과정에서 중요한 것은 순서다.

  엄마의 말투가 바뀌면 아이 뇌는 기적이 일어난다

갈등 해결 3단계 루틴

- 1단계: 감정 명명(30초)

"둘 다 화가 났구나."

"속상한 마음이 크구나."

- 2단계: 관점 확장(1분)

"네 마음 한 문장, 상대방 마음 한 문장."

"각자 원하는 것은 뭐였지?"

- 3단계: 해결책 탐색(2분)

"괜찮은 방법 2개 중 1개를 골라보자."

"다음에는 어떻게 하면 좋을까?"

- 갈등 해결 루틴

  - 형제 다툼: "먼저 멈춤 10초. 네 마음 한 단어, 동생 마음 한 단어. '같이 괜찮은 방법'은?"

  - 친구 갈등: "내일 만나면 첫 한마디를 미리 정해볼까?"

  - 부모-자녀 갈등: "엄마도 화가 났어. 잠깐 숨 고르고 다시 이야기하자."

6. 잠자리(20:00~21:00): 하루를 기억으로 저장

잠들기 전 30분은 해마가 하루 경험을 장기 기억으로 이동시키는 중요한 시간이다. 마지막 말이 메모리 제목이 된다.

불안을 심는 말: 부정적 기억으로 저장되는 말

"오늘 왜 그렇게 말 안 들었어?"

"내일은 제발 제대로 해."

"이런 식으로 하면 큰일 나."

성장을 저장하는 말: 긍정적 성장으로 저장되는 말

"오늘 가장 즐거웠던 순간은?"

"오늘 마음은 어떤 색이었을까?"

"네가 있어서 행복했어. 고마워."

잠자리 3문장 루틴 (소요시간: 5분)

- 1단계: 하루 정리

  기쁨 1개 / 배움 1개 / 감사 1개

- 2단계: 내일 준비

  "내일 첫 한 걸음은?"

- 3단계: 애착 확인

  루틴 문장 고정: "잘 자. 내가 곁에 있어."

사례: 잠자리 불안 심했던 지우(4세)

- 문제: 매일 밤 30분 이상 "엄마 가지 마." 하며 울음

- 적용: 잠자리 3문장 루틴+고정 문장 "잘 자, 내가 곁에 있어."

- 결과: 1주일 만에 울음 시간 5분으로 단축, 2주일 후 스스로 잠들기 성공

- 핵심: 일관된 안정 메시지가 뇌의 불안 회로를 진정시켰다.

소뇌와 몸놀이: 숨은 학습 엔진

소뇌는 단순히 균형감각만 담당하는 게 아니다. 소뇌는 주의 집중, 언어 발달, 사회적 기능에도 중요한 역할을 한다는 연구 결과가 있다.

매일 10분 몸놀이

- 추천 활동

  줄넘기: 리듬감과 집중력

  공 주고받기: 협응력과 소통

  따라 하기 놀이: 관찰력과 모방 학습

- 격려 언어

  "멋지게 균형 잡았네!"

  "한 번 더, 천천히!"

"점점 부드러워지고 있어!"

- 뇌과학적 효과: 소뇌-전전두피질 연결이 강화되어 학습 능력 전반이 향상된다.

부모 회복법: 실수도 교육 기회

완벽한 부모는 없다. 중요한 것은 실수를 인정하고 회복하는 모습을 보여주는 것이다.

실수 후 회복 3단계

- 1단계: 솔직한 인정(30초)

"엄마가 급해서 목소리가 커졌구나. 미안해."

- 2단계: 감정 공유(1분)

"엄마도 실수할 때가 있어. 완벽하지 않아."

- 3단계: 새로운 시작(1분)

"이번에는 어떻게 하면 좋을까? 같이 해 보자."

- 뇌과학적 의미: 부모의 사과는 아이에게 실수-회복-성장의 모델을 제공하여 회복탄력성을 기른다.

일주일 체크리스트: 부모 자가진단

다음 5문항을 5점 척도로 평가해보자. (1점: 전혀 못함 ~ 5점: 매우 잘함)

아침 첫 인사를 따뜻한 톤으로 했다.	점
식사 중 감각 질문을 1개 이상 했다.	점
학습 시간에 질문→분할→회고 순서를 지켰다.	점
갈등에서 감정 명명 후 해결을 모색했다.	점
잠자리에서 기쁨·배움·감사를 확인했다.	점

점수별 가이드

- 22~25점: 루틴이 안정적으로 정착되었다. 현재 상태를 유지하며 미세 조정해 보자.
- 16~21점: 좋은 상태이다. 한 구간(식사/잠자리 등)을 선택해 집중 강화하자.
- 15점 이하: 1주일간 아침과 잠자리 두 지점만 먼저 고정해보자.

24시간이 만드는 기적

루틴이 뇌에 미치는 누적 효과는 다음과 같다.

장기 추적 연구에 따른 타임라인

- 1주일 후: 새로운 신경 연결 형성 시작

- 1개월 후: 미엘린 증가로 반응 속도 향상

- 3개월 후: 안정된 행동 패턴으로 자동화

- 1년 후: 성격과 사고방식의 기본 틀 완성

아침의 인사가 전전두피질을 깨우고, 식탁의 대화가 언어 회로를 키우며, 학습의 질문이 사고력을 열고, 잠자리의 감사가 감정을 단단히 묶는다. 부모의 하루 언어는 아이의 뇌에 작은 돌을 차곡차곡 올린다. 그 작은 돌들이 모여 성격·사고력·관계 능력의 기초 건축물이 된다.

말은 단순한 소리가 아니다. 평생을 설계하는 설계도다.

말투 루틴 실천을 위한 7일 챌린지

Day 1: 아침 인사 바꾸기

- 목표: "좋은 아침"+아이 이름+긍정 메시지

- 예시: "좋은 아침, 수빈아. 네가 있어서 든든해."

Day 2: 식사 중 감각 질문

- 목표: 하루 1회 이상 "색/소리/냄새" 질문

- 예시: "이 수프는 무슨 색이야? 구름 색 같지 않아?"

Day 3: 귀가 시 포옹과 환영

- 목표: 3초 포옹+"돌아와 줘서 고마워."

- 팁: 다른 일을 멈추고 온전히 아이에게 집중

Day 4: 갈등 상황에서 감정 명명

- 목표: "화났구나" 먼저 말하기

- 예시: "화났구나. 속상한 마음이 크구나. 천천히 말해봐."

Day 5: 잠자리 감사 표현

- 목표: "기쁨·배움·감사" 3가지 나누기

- 예시: "오늘 가장 기뻤던 일, 새로 배운 일, 고마웠던 일 하나씩"

Day 6: 실수 후 회복 연습

- 목표: 부모의 실수를 솔직히 인정하고 사과하기

- 예시: "엄마가 목소리를 높였네. 미안해. 다시 시작하자."

Day 7: 종합 점검

목표: 일주일간의 변화 관찰하고 아이와 함께 나누기

질문: "이번 주에 엄마의 말 중 가장 좋았던 건 뭐야?"

20년 후의 선물

오늘 우리가 건네는 따뜻한 말 한마디가 20년 후 성인이 된 우리 아이에게 최고의 선물이 될 것이다.

- 단단한 자존감
- 따뜻한 마음
- 지혜로운 사고력
- 건강한 관계 능력

하루 24시간을 아이의 뇌를 키우는 건축 시간으로 만들어보자. 작은 루틴이 만드는 기적을 경험할 것이다.

"오늘의 말 한마디가 아이의 평생을 설계한다"

오늘의 말투 한마디

"오늘 하루 함께여서 행복했어."

어려운 상황별
뇌 보호 대화

위기의 순간, 말투가 뇌를 지켜준다

문제 행동은 뇌의 성장 신호다

유치원에서 돌아온 5세 성민이가 현관문을 열자마자 울음을 터뜨렸다. "친구가 내 블록을 부숴버렸어!" 화가 난 성민이는 가방을 바닥에 집어 던지며 소리를 질렀다. 이 순간 성민이 엄마 앞에는 두 갈래 길이 펼쳐진다. 그리고 그 선택에 따라 성민이의 뇌는 완전히 다른 방향으로 발달하게 된다.

- 첫 번째 길: "왜 이렇게 난리야? 그까짓 블록 가지고!"
- → 성민이의 편도체는 더욱 활성화되고, 앞으로 감정을 표현하기가 더욱 어려워진다.

- 두 번째 길: "성민아, 정말 속상했구나. 열심히 만든 블록이 부서져서 화가 많이 났지?"
  → 성민이의 전전두피질이 활성화되고, 감정 조절 회로가 한 단계 성장한다.

연구에 따르면, 아이들의 감정 조절 능력은 학업 성공, 사회적 관계, 그리고 전반적인 심리적 적응과 밀접한 관련이 있다. 우리는 흔히 아이의 울음, 고함, 거짓말, 친구와의 다툼을 "버릇없는 행동"이라고 단정하지만, 현대 뇌과학은 다르게 말한다. 문제 행동은 성장의 신호라고.

연구는 뇌가 도전적인 상황에서 가장 빠르게 성장한다는 것을 보여준다. 문제 행동이 일어나는 순간은 미성숙한 신경 회로가 연결을 요청하는 신호다.

- 분노는 감정조절 회로 훈련의 기회
- 불안은 회복탄력성 회로 구축의 기회
- 거짓말은 정직과 안전을 연결하는 기회
- 갈등은 공감과 사회성을 확장하는 기회

이때 부모의 말투는 두 갈래 길을 만든다.

- 위협과 꾸중의 말은 뇌에 벽을 세우고
- 공감과 기다림의 말은 뇌에 다리를 놓는다.

문제 상황은 위기가 아니라 골든타임이다. 이 순간의 한마디가 아이 뇌 회로의 방향을 결정한다.

신경과학 연구에 따르면, 뇌는 도전적인 상황에서 가장 빠르게 성장한다. 문제 행동이 일어나는 순간은 미성숙한 신경 회로가 연결을 요청하는 신호다.

부모의 말투가 이 신호를 학습 기회로 전환시키느냐, 트라우마로 고착화시키느냐를 결정한다.

1. 화낼 때: 편도체 응급실 운영

7세 지현이가 동생이 자신의 그림을 찢어버린 것을 보고 소리를 지르며 동생을 밀쳤다. 이 순간 지현이의 뇌에서는 다음과 같은 일이 벌어진다.

- 편도체 하이재킹: 편도체가 경보를 울리며 전전두피질을 일시적
으로 차단

- 스트레스 호르몬 분비: 코르티솔과 아드레날린이 급증

- 신체 반응: 심박수 증가, 호흡 가빠짐, 근육 긴장

- 언어 기능 제한: 논리적 사고와 언어 처리 능력 일시 마비

뇌과학적 분석: 연구에 따르면 아동기에는 편도체와 전전두피질 간의 연결이 미성숙하여, 강한 감정 상황에서 편도체가 과활성화되면서 전전두피질의 조절 기능이 일시적으로 마비될 수 있다.

이 상태에서는 설득과 훈계가 전혀 통하지 않는다. 오히려 더 큰 자극이 되어 편도체를 더욱 활성화시킨다.

편도체 보호 4단계 루틴

감정 표현을 언어로 명명하는 것은 편도체 활동을 감소시키는 효과가 있다는 연구 결과가 있다.

- 1단계: 호명(5초)

"○○야" - 이름을 부드럽게 불러 주의 집중

뇌 효과: 편도체 과활성 중단, 전전두피질 활성화 시작

 엄마의 말투가 바뀌면 아이 뇌는 기적이 일어난다

- 2단계: 감정 명명(10초)

  "화가 크게 올라왔구나." / "속상했구나."

  뇌 효과: 감정을 언어로 표현하면 편도체 활동 감소

- 3단계: 안전 선언(10초)

  "나는 네 편이야. 옆에 있어."

  뇌 효과: 안전감 제공으로 스트레스 호르몬 중화

- 4단계: 선택 제시(30초)

  "지금 말하기 vs 1분 쉬고 말하기"

  뇌 효과: 자율성 확보로 전전두피질 재활성화

- 금지어

  "진정해!" → 편도체 상태에서는 불가능한 요구

  "그까짓 걸로 왜 그래?" → 감정 무효화로 더 큰 상처

- 대체어

  "숨 한 번 쉬고 말하자."

  "네가 준비되면 듣고 싶어."

2. 불안할 때: 안전 기지 구축

6세 수아가 새로 전학 간 유치원 첫날, 교실 문 앞에서 엄마 다리를 붙잡고 울며 "무서워요, 집에 가고 싶어요."라고 말한다. 이 순간 수아의 뇌에서는 다음과 같은 일이 벌어진다.

- 편도체 과민반응: 낯선 환경을 위험으로 인식
- 해마 미성숙: 새로운 경험을 기존 기억과 연결하지 못함
- 전전두피질 미발달: 상황을 논리적으로 판단할 능력 부족

뇌과학적 분석: 연구에 따르면 어린 아이들은 새로운 환경에서 편도체가 과민반응을 보이며, 아직 미성숙한 전전두피질로 인해 상황을 논리적으로 판단할 능력이 제한적이다. 이때 불안을 정상 반응으로 인정할 때 조절 회로가 열린다.

불안을 증폭시키는 반응

"별것도 아닌데 왜 울어?"

"다른 애들은 안 그런데"

"울지 마, 창피해."

뇌과학적 문제: 불안을 무효화하면 편도체가 더 큰 위험 신호로 인식

 엄마의 말투가 바뀌면 아이 뇌는 기적이 일어난다

불안을 진정시키는 반응

"처음엔 무서울 수 있어." (정상화)

"엄마도 처음 가는 곳은 떨려." (공감)

"교실 안에서 재미있는 것 하나만 찾아보자." (미세 목표)

불안 완화 3단계 루틴

- 1단계: 인정(20초)

  "처음엔 무서울 수 있어." / "새로운 곳은 떨리지."

  뇌 효과: 불안을 정상 반응으로 인식시켜 편도체 과민반응 완화

- 2단계: 공감(30초)

  "나도 그럴 때가 있었어." / "엄마도 처음엔 그랬어."

  뇌 효과: 공감을 통한 정서적 연결감 강화

- 3단계: 대처법 제시(1분)

  "속으로 '괜찮아' 세 번 말하고, 발바닥에 힘 주고 한 걸음"

  뇌 효과: 구체적 행동 계획으로 전전두피질 활성화

불안 상황별 대응법

• 새로운 환경 불안

"여기서 가장 예쁜 색깔 하나 찾아보자."

"선생님 목소리가 어떤지 들어보자."

• 분리 불안

"엄마는 ○○에 있다가 △△시에 온다."

"마음속 엄마와 대화해보자."

3. 거짓말할 때: 정직성 회로 키우기

뇌과학적으로 거짓말은 발달의 증거이다. 실제로 거짓말은 아이의 인지 발달을 보여주는 긍정적 신호다. 거짓말에는 마음이론, 실행 기능, 작업 기억, 인지적 유연성 등 고등 인지 능력이 필요하다. 연구에 따르면, 3-4세경 시작되는 거짓말은 마음이론과 실행 기능 발달의 자연스러운 결과다.

발달 단계별 거짓말 특성

• 3~4세: 상상과 현실의 경계

"공룡이 우리 집에 왔어요."

진짜 거짓말이 아닌 상상력 표현

- 4~5세: 자기보호형 거짓말

  "과자 안 먹었어요." (실제로는 먹음)

  혼날까 봐 하는 본능적 자기보호

- 5~6세: 타인배려형 거짓말

  "괜찮아요." (실제로는 아픔)

  다른 사람을 걱정시키고 싶지 않은 마음

사례

상황: 5세 지우가 동생 장난감을 부수고 "나 안 했어."라고 말함

정직성을 해치는 반응

"거짓말쟁이는 나빠!"

"거짓말하면 코가 길어져."

"또 거짓말하네."

뇌과학적 문제: 도덕적 판단과 낙인찍기는 방어기제를 더 강화하고 숨기기 회로를 고착화

정직성을 키우는 반응

"혼날까 봐 걱정됐니?" (동기 탐색)

"솔직해도 괜찮아. 네 편이야." (안전화)

"이제 동생이 속상할 텐데, 어떻게 하면 좋을까?" (해결 지향)

정직 안전화 3단계 루틴

- 1단계: 판단 중지(30초)

"그 말은 네가 바라는 일이었니, 실제로 일어난 일이었니?"

뇌 효과: 비난 없는 질문으로 방어기제 완화

- 2단계: 동기 확인(1분)

"혹시 혼날까 봐 무서웠어?" / "동생이 속상할까 봐 걱정됐어?"

뇌 효과: 감정과 동기를 이해받는다는 느낌으로 안전감 증가

- 3단계: 정직 강화(2분)

"사실을 말해줘서 고마워. 이제 함께 해결방법을 찾자."

뇌 효과: 정직한 행동에 대한 긍정적 강화로 정직 회로 강화

상황별 대응법

- 자기보호형 거짓말

"걱정하지 마. 실수는 누구나 하는 거야."

"솔직히 말해줘서 더 믿음직스러워."

- 과장형 거짓말

"정말 재미있었구나. 실제로는 어땠어?"

"상상하는 것과 실제 있었던 일을 구분해보자."

4. 친구와 갈등할 때: 사회성 뇌 훈련소

갈등은 사회적 뇌의 체육관이다. 친구와의 갈등 상황에서 아이의 뇌에서는 다양한 사회적 뇌 영역이 활성화된다. 이 과정에서 공감과 사회성 회로가 급속도로 발달한다.

사례

상황: 7세 서연이가 친구와 다투고 울며 집에 옴

사회성 발달을 저해하는 반응

"네가 잘못했으니 당장 사과해."

"또 네가 문제지."

"친구 없어도 괜찮아."

뇌과학적 문제: 일방적 판단은 수치심을 유발하고 방어기제를 강화

사회성을 키우는 반응

"속상했구나." (내 마음 인정)

"친구 마음은 어땠을까?" (타인 관점)

"다시 친해지려면 어떤 말을 먼저 해 볼까?" (해결 지향)

갈등 조율 3단계 루틴

- 1단계: 내 마음 인정(1분)

"네 마음은 ○○였구나." (속상함/화남/억울함 등)

뇌 효과: 자신의 감정이 수용된다는 느낌으로 정서 안정

- 2단계: 상대 관점 확장(2분)

"그 친구는 어떤 마음이었을까?"

뇌 효과: 측두두정접합부 활성화로 관점 전환 능력 발달

- 3단계: 해결 행동 계획(3분)

"내일 첫 한마디/행동은 뭐가 좋을까?"

뇌 효과: 전전두피질의 계획 수립 기능으로 사회적 문제해결력 향상

갈등 유형별 대응 가이드

• 소유권 다툼 (장난감, 자리 등)

"둘 다 갖고 싶었구나."

"함께 사용하는 방법을 3가지 생각해보자."

• 의견 충돌 (게임 규칙, 역할 등)

"각자 생각이 달랐구나."

"두 의견을 섞으면 어떻게 될까?"

• 감정적 상처 (놀림, 거부 등)

"마음이 아팠구나."

"친구도 네 마음을 알면 어떨까?"

<u>5. 보너스 상황: 특수 상황별 뇌 보호법</u>

숙제 회피: 실행 기능 미성숙 이해하기

- 뇌과학적 배경: 6~8세 아이들의 전전두피질은 아직 발달 중이라 큰 과제를 작은 단위로 나누는 능력이 제한적이다.

- 대응 3단계

  "하기 싫구나." (감정 인정)

  "5분간 한 덩어리 해 보자." (미세 목표)

  "끝나면 1분 스트레칭" (보상 루프)

형제 다툼: 공정성 민감기 활용

- 뇌과학적 배경: 4~7세는 공정성에 극도로 민감한 시기로, 뇌의 보상 회로가 "공평함"에 강하게 반응한다.

- 대응법

  "둘 다 화났네." (양쪽 감정 인정)

  "각자 마음 한 단어씩" (감정 표현 기회)

  "같이 괜찮은 방법 2개 중 1개 고르기" (공동 의사결정)

공공장소 폭발: 자극 과부하 해결

• 뇌과학적 배경: 쇼핑몰, 마트 등의 과도한 감각 자극이 미성숙한 감각 통합 시스템을 과부하시킬 수 있다.

• 대응 3단계

조용한 곳으로 이동 (환경 전환)

물 한 모금+호흡 3-3-3 (신경계 진정)

"준비됐어" 신호 후 짧게 대화 (재조정)

우리 집 뇌 보호 대화 체크리스트

다음 16문항을 5점 척도로 평가해보자. (1점: 전혀 안함 ~ 5점: 매우 잘함)

화날 때 (편도체 보호)

먼저 이름을 불러 주의를 모은다.	점
"화가 났구나." 등 감정을 라벨링한다.	점
"엄마가 옆에 있어"라고 안전감을 준다.	점
"지금 말하기 vs 조금 뒤 말하기" 선택권을 준다.	점

불안할 때 (회복탄력성)

"처음엔 무서울 수 있어."라고 인정한다.	점
"나도 그럴 때가 있어."라고 공감한다.	점
숨쉬기, 몸 감각 등 대처법을 함께 연습한다.	점

거짓말할 때 (정직 회로)

즉시 낙인찍기나 판단을 멈춘다.	점
"혼날까 봐 무서웠니?"로 동기를 묻는다.	점
"솔직해도 괜찮아."로 안전감을 보장한다.	점

친구 갈등 (사회성·공감)

아이의 속상함을 먼저 인정한다.	점
"친구 마음은?"으로 관점을 확장한다.	점
"첫 한마디/행동"을 함께 설계한다.	점

부모 자기조절 (모델링)

반응 전 3초 호흡을 했다.	점
"이건 성장 과정"이라는 내적 대화를 했다.	점
"지금 목표는 뇌 보호"를 상기했다.	점

점수별 가이드

- 61~80점: 안정 단계 - 뇌 보호 루틴이 잘 자리잡았다. 현재 방식을 유지하며 미세 조정하자.

- 41~60점: 성장 단계 - 좋은 방향으로 가고 있다. 일관성을 더 키우면 훨씬 좋아질 것이다.

- 16~40점: 시작 단계 - 한 영역(화/불안/거짓말/갈등)부터 루틴을 차근차근 만들어보자.

포켓 루틴: 말문 막힐 때 꺼내는 10초 카드

급한 상황에서 당황하지 않도록 미리 준비해두자.

상황별 첫마디

- 화날 때: "지금 네 마음 이름은 뭐야?"

- 불안할 때: "나는 네 편이야. 여기 있어."

- 갈등 상황: "지금 말해? 1분 뒤에 말해?"

- 문제 해결: "다음에 첫 한마디를 뭐라고 하고 싶어?"

만능 마무리 문장

"고마워. 네가 말해줘서 뇌가 한 칸 자랐어."

이 한 문장은 아이에게 다음을 전달한다.

- 감정 표현은 성장의 증거
- 솔직한 소통은 가치 있는 행동
- 부모는 아이의 성장을 지지하는 파트너

문제 상황이 키우는 뇌 영역

상황	활성화되는 뇌 영역	발달하는 능력
화낼 때	전전두피질, 전대상피질	감정조절, 충동억제
불안할 때	해마, 편도체-전전두피질 연결	회복탄력성, 적응력
거짓말할 때	배외측 전전두피질, 전대상피질	도덕적 추론, 정직성
갈등할 때	측두두정접합부, 거울뉴런	공감능력, 사회성

20년 후를 내다보며: 오늘의 대응이 만드는 미래

연구에 따르면, 어린 시절 부모로부터 정서적 지지를 받고 감정 조절을 배운 아이들은 성인이 되어서도 더 나은 사회적 관계와 정신 건강을 보인다고 한다.

- 오늘 편도체 하이재킹 상황에서 부모가 보여준 차분한 대응
→ 20년 후 아이가 직장에서 스트레스 상황을 현명하게 대처하는

능력

- 오늘 불안해하는 아이에게 "괜찮다"고 안아준 순간

→ 20년 후 아이가 어려운 상황에서도 "할 수 있다"는 믿음을 갖는 회복탄력성

- 오늘 거짓말하는 아이를 비난하지 않고 이해하려 한 마음

→ 20년 후 아이가 정직하고 신뢰할 수 있는 사람으로 성장하는 토대

부모의 차분하고 일관된 말투가 아이의 뇌에 다리를 놓는다. 오늘의 위기가 내일의 성장으로 바뀌는 순간, 아이의 뇌는 이렇게 기억한다. "괜찮아, 너는 성장하고 있어. 나는 네 편이야."

오늘부터 시작하자. 문제 상황을 아이와 함께 성장하는 골든타임으로 만들어보자. 위기의 순간이 가장 소중한 선물이 될 것이다.

"위기의 순간, 말투가 뇌를 지켜준다"

오늘의 말투 한마디

"지금은 힘들지만, 함께 방법을 찾자."

아이의
4가지 특성에 맞는 대화

뇌에는 저마다의 지문이 있다

두 아이, 하나의 놀이터, 완전히 다른 반응

8살 민서는 새로운 놀이기구를 보면 제일 먼저 달려간다. "엄마, 저거 타보고 싶어!"라는 말이 입에서 떨어지기 무섭게 몸이 먼저 움직인다. 반면 같은 또래 지훈이는 한참을 멀리서 관찰한 후 조심스럽게 묻는다. "엄마, 저거 안전해요?"

같은 놀이터, 같은 시간이지만 두 아이가 경험하는 세계는 전혀 다르다. 이것은 단순한 성격의 차이가 아니다. 연구에 따르면 이런 차이는 생물학적 기반을 가진 '기질temperament', 즉 뇌의 반응 패턴에서 비롯된다. 세상에 같은 지문이 없듯, 아이의 뇌에도 똑같은 지도는 없다.

뇌 지문이 만드는 독특한 세상

누군가는 앞장서 달리고, 누군가는 한 걸음 물러서 관찰한다. 누군가는 작은 자극에도 크게 흔들리고, 누군가는 묵묵히 집중한다. 이 차이는 바로 아이의 '뇌 지문brain fingerprint'에서 나온다.

미국 국립보건원NIH 연구에 따르면, 영아기부터 나타나는 뇌의 반응 패턴은 성인기까지 일정한 흐름으로 이어진다. 즉, 아이의 현재 반응은 일시적 기분이 아니라 뇌 회로의 작동 방식이다.

부모의 첫 임무는 '평균적인 아이'를 만드는 것이 아니다. 내 아이의 뇌 지문을 읽어주는 것, 그것이 맞춤형 양육의 출발점이며 아이의 내면이 피어나는 첫 관문이다.

왜 '유형'을 알아야 할까: 기질의 과학

기질은 단순한 성격 분류가 아니다. 심리학자 알렉산더 토마스와 스텔라 체스는 기질을 "환경에 대한 반응 경향의 일관된 패턴"으로 정의했다. 기질은 타고나며 비교적 안정적이지만, 환경과의 상호작용 속에서 조금씩 조율된다.

신경전달물질과 개성의 연결

우리 뇌 속에는 100여 가지의 신경전달물질이 존재한다. 그중에서도 도파민, 세로토닌, 노르에피네프린, 아세틸콜린이 아이의 성향을 결정짓는 핵심 조율자들이다.

도파민Dopamine은 동기와 보상, 학습을 담당한다. 도파민 시스템이 활발한 아이는 새로운 자극을 좋아하고 도전적이다. 호기심이 많고 리더십을 발휘하는 경향이 있다.

세로토닌Serotonin은 안정감과 기분 조절에 관여한다. 세로토닌 회로가 든든한 아이는 루틴을 좋아하고 관계 중심적이다. 차분하고 예측 가능한 것을 선호한다.

노르에피네프린Norepinephrine은 주의력과 각성, 스트레스 반응을 조절한다. 이 시스템이 민감한 아이는 감정 기복이 크며 섬세함이 두드러진다.

아세틸콜린Acetylcholine은 기억과 학습, 주의 집중에 중요하다. 이 회로가 활발한 아이는 관찰력과 세부 파악력이 뛰어나며 분석적 사고가 발달한다.

발달 과정에서 이 시스템들은 서로 다른 속도로 성숙한다. 세로토닌은 영유아기에 빠르게 안정되지만, 노르에피네프린은 2~3년에 걸쳐 서서히 자리 잡는다. 그래서 같은 나이의 아이들이라도 한쪽은 활발하고 다른 쪽은 조용한 이유가 여기에 있다. 각자의 뇌가 다른 시간표로 자라고 있기 때문이다.

우리 아이 뇌 특성 발견하기: 과학적 기질 분류법

현대 신경심리학에서는 기질을 세 가지 축으로 본다. 첫째, 외향성과 자극추구 성향. 둘째, 부정적 정서성. 셋째, 의도적 조절 능력. 이세 축이 교차하면서 네 가지 대표적 뇌 유형이 만들어진다.

아래 체크리스트를 통해 당신의 아이가 어떤 뇌 회로를 자주 사용하는지 관찰해보자. 각 항목을 5점 척도로 평가하면 된다. (1점=전혀 아님, 5점=매우 그럼) 가장 높은 점수를 받은 그룹이 아이의 주된 회로다.

A형: 행동·에너지형 (외향성/자극추구 우세)

새로운 것을 먼저 시도한다.	점
움직이며 놀기를 선호한다.	점
"내가 해 볼래!"라는 말을 자주 한다.	점
기분이 좋아지면 말과 행동이 빨라진다.	점
성취하거나 칭찬받으면 에너지가 배가된다.	점
	총점 점

B형: 안정·관계형 (낮은 부정적 정서성)

낯선 상황에서도 차분히 적응하려 한다.	점
가족과 함께 있는 시간을 즐긴다.	점

일정한 루틴에서 편안함을 느낀다.	점
힘들어하는 친구 곁에 머물러 위로한다.	점
따뜻한 말투와 스킨십에 쉽게 안정된다.	점
	총점 점

C형: 감수성·표현형 (높은 부정적 정서성)

작은 자극에도 민감하게 반응한다.	점
감정 표현이 풍부하고 솔직하다.	점
다른 사람의 기분을 잘 알아챈다.	점
소리, 빛, 촉감 등 감각에 예민하다.	점
감정의 변화가 크고 빠르게 나타난다.	점
	총점 점

D형: 탐구·학습형 (높은 의도적 조절)

"왜?"라는 질문을 자주 한다.	점
한 가지에 오래 집중할 수 있다.	점
세밀한 부분까지 관찰하는 편이다.	점
새로운 지식에 호기심이 많다.	점
혼자서 깊이 생각하는 시간을 즐긴다.	점
	총점 점

네 가지 뇌 유형별 맞춤 소통법

A형: 행동·에너지형 - "세상의 무대에 먼저 오르는 아이"

이 아이는 몸이 생각보다 빠르다. 전두엽보다 변연계의 회로가 먼저 반응한다. 그래서 멈추기보다 먼저 시도하고, 그 안에서 배운다. 부모의 언어는 '통제'가 아니라 '방향 제시'가 되어야 한다.

"그만!"보다는 "그 힘을 어디에 쓸까?"라는 말이 효과적이다. 이 한마디가 아이의 충동을 창의력으로 바꾼다.

7살 준호는 수업 시간에 자꾸 돌아다녔다. 선생님은 그에게 '칠판 정리 도우미' 역할을 맡겼다. 이후 준호는 '움직이면서 기여하는 법'을 배웠다. 에너지는 역압이 아니라 설계의 대상이다.

B형: 안정·관계형 - "예측 가능한 루틴에서 피어나는 아이"

이 아이의 뇌는 세로토닌 회로가 든든하게 자리 잡고 있다. 낯선 상황보다 익숙한 환경에서 안정감을 느낀다. 급한 재촉은 불안을 일으키고, 일관성은 신뢰를 만든다.

부모의 말 한마디가 '예고'의 힘을 가져야 한다. "이따가 놀이터 가기 전에 숙제부터 하자." 단순하지만, 이런 구조적 언어가 아이의 뇌를 안정시킨다.

수영장을 두려워하던 6살 하은이는 사진으로 먼저 공간을 구경하고, 5분만 발 담그는 약속을 했다. 그 작은 경험이 '도전의 기억'으로 저장되어 이후 점점 스스로의 속도를 찾았다.

C형: 감수성·표현형 - "세상을 감각으로 받아들이는 아이"

이 아이에게 세상은 조금 더 선명하다. 빛, 소리, 냄새, 말투, 눈빛 등 모든 자극이 강렬하게 다가온다. 편도체의 반응성이 높은 대신, 예술적 감수성이 자라난다.

"그깟 일로 왜 그래?"라는 말은 이 아이의 내면 문을 닫게 만든다. 대신 "그 마음이 참 소중해."라는 언어가 마음의 브레이크가 된다.

5살 시우는 친구와 다투고 하루 종일 울었다. 아빠가 "시우의 마음이 폭풍우 같구나. 어떤 색으로 그릴까?"라고 말했을 때, 시우는 검은색으로 자신의 기분을 그려내며 처음으로 '감정을 표현하는 해방감'을 경험했다.

D형: 탐구·학습형 - "세상의 원리를 캐내는 작은 연구자"

이 아이의 뇌는 아세틸콜린 회로가 활발하다. 관찰이 빠르고, 질문이 끊이지 않는다. "왜?"라는 말이 곧 사랑의 언어다.

이 유형에게 필요한 것은 답이 아니라 '탐구의 동반자'다. "그건 좋은 질문이야. 우리 같이 알아볼까?" 이 말 한마디가 아이를 연구자로 자라게 한다.

8살 민재는 공룡을 주제로 질문 폭탄을 쏟아냈다. 엄마는 "민재의 공룡 박사 노트를 만들자."라고 제안했다. 그날 이후 민재는 매일 새 사실을 기록하며 '학습의 기쁨'을 스스로 설계했다.

복합형 아이, 그리고 성장의 시간표

대부분의 아이는 한 유형에만 머물지 않는다. 뇌는 여러 회로가 동시에 작동하는 복합 시스템이기 때문이다.

행동+탐구형은 활발한 탐구자다. 미션형 프로젝트를 주고, 결과를 발표로 연결하면 좋다.

안정+감수성형은 안정적 예술가다. 루틴을 기반으로 하되 표현 활동을 병행하면 효과적이다.

행동+감수성형은 에너지 공감형이다. 역할극, 무용, 몸의 표현을 활용하면 강점이 빛난다.

발달 단계별로 보면 3~8세에는 특정 회로가 강화되고, 9~12세는 복합형 설계의 황금기다. 이 시기에 '조율의 뇌'가 열린다.

네 가지 길의 풍경

우리는 아이의 현재 모습을 네 가지 뇌 유형으로 관찰했다. 이제 그 성향이 시간이 흘러 어떤 어른의 모습으로 자라나는지 구체적으로 그려보자. 직업명이 아니라 '일하는 방식'과 '삶의 풍경'으로 미래를 상상하는 것이다.

1. A형: 모험의 길 - 세상을 먼저 두드리는 아이

이 아이는 기회가 보이면 먼저 손을 든다. 사람들 사이에 들어가 길을 만들고, 멈춰 선 분위기에 바람을 넣는다. 에너지가 높고 도전을 두려워하지 않으며, 결과보다 과정에서 활력을 얻는다.

어른이 된 모습

이들은 축제를 기획하고, 새로운 가게를 열고, 팀을 모아 무언가를 시작한다. 사람들을 설득하고 무대에 서는 것을 두려워하지 않는다. 전통적인 조직보다는 스스로 흐름을 만드는 환경에서 빛이 난다. 실제로 기업가 정신 연구에서는 높은 외향성과 자극추구 성향이 창업 성공과 상관관계가 있다고 밝혀졌다. 이들은 불확실성을 위험이 아니라 기회로 본다.

   엄마의 말투가 바뀌면 아이 뇌는 기적이 일어난다

잘 맞는 영역

- 창업과 사업 개발: 새로운 시장을 개척하고 기회를 포착하는 일. 스타트업 창업자, 프랜차이즈 운영자, 사업 기획자 등.
- 행사 및 공연 기획: 사람들을 모으고 경험을 설계하는 일. 이벤트 플래너, 축제 기획자, 공연 프로듀서, 전시 큐레이터 등.
- 세일즈와 홍보: 제품과 서비스를 알리고 사람을 설득하는 일. 영업 매니저, 마케팅 담당자, PR 전문가, 브랜드 앰배서더 등.
- 미디어 및 콘텐츠 제작: 이야기를 만들고 전파하는 일. 유튜버, 방송 PD, 콘텐츠 크리에이터, 저널리스트 등.

길을 넓히는 습관

결과를 짧게 기록하기: 모험형 아이는 과정은 즐기지만 정리를 귀찮아한다. "오늘 30명 앞에서 발표, 신청 12명"처럼 한 줄 수치로 남기는 습관을 들이면, 나중에 자신의 성장을 객관적으로 볼 수 있다.

작게 자주 끝내기: 큰 계획 하나보다 작은 완주 세 개가 낫다. 완성의 기쁨을 자주 맛보면 지속력이 생긴다. 일주일짜리 프로젝트 여러 개가 한 달짜리 하나보다 효과적이다.

'책임 있는 역할' 맛보기: 모둠장, 진행자, 사회자처럼 작은 리더 역할을 맡아본다. 주도하는 경험이 쌓이면 자연스럽게 리더십이 자란다.

포근한 한마디

"네가 시작하면, 사람들이 따라와."

미래 엽서

"축제 날 네가 만든 무대 앞에 사람들이 모여들었어. 누구도 시키지 않았지만, 너는 자연스럽게 중심이 되었지. 그건 '용기'가 아니라, 너의 '자연스러움'이야."

2. B형: 안정의 길 - 신뢰로 세상을 움직이는 아이

이 아이는 흐름을 지키는 데 강하고, 꾸준함에서 힘이 난다. 갑작스러운 변화 대신 예측 가능한 리듬을 사랑한다. 관계를 소중히 여기고, 사람들을 편안하게 느끼게 하는 능력이 있다.

어른이 된 모습

이들은 학교, 병원, 기업, 기관 안에서 사람과 일을 부드럽게 연결한다. 문제를 조용히 정리하고, 모두가 안심하도록 바탕을 깐다. 화려하지 않지만 조직의 중심축이 되는 사람들이다.

조직 심리학 연구에 따르면, 높은 성실성과 낮은 신경증은 장기 근속과 팀 신뢰도를 높이는 핵심 요인이다. 이들은 "믿을 수 있는 사람"

으로 기억된다.

잘 맞는 영역

- 교육 및 행정: 학생과 조직을 돌보는 일. 교사, 교육 행정가, 학생 상담사, 평생교육 코디네이터 등.
- 인사 및 조직 관리: 사람들이 잘 일할 수 있는 환경을 만드는 일. HR 매니저, 조직문화 담당자, 복리후생 전문가 등.
- 고객 케어와 서비스: 고객의 불편을 해결하고 경험을 개선하는 일. 고객 성공 매니저, CS 리더, 서비스 기획자 등.
- 운영 및 품질 관리: 프로세스를 설계하고 품질을 유지하는 일. 운영 매니저, 품질 관리자, 프로젝트 코디네이터 등.

길을 넓히는 습관

- 체크리스트의 달인이 되기: 과정이 눈에 보이면 마음이 편해진다. 할 일을 작은 단계로 나누고, 하나씩 체크하면서 안정감을 얻는다. 이 습관은 나중에 프로젝트 관리의 핵심 역량이 된다.
- 작은 변화 받아보기: 한 달에 한 번은 낯선 도구나 방법을 시도해본다. 새로운 앱, 다른 경로, 새로운 방식으로 숙제하기 등. 안정을 추구하되 유연함도 기른다.

- 갈등 다리 놓기: 양쪽 이야기를 듣고 공통의 약속 한 줄을 만드는 연습. 중재자 역할을 경험하면서 관계 조율 능력이 자란다.

포근한 한마디

"네가 있어서 다들 편안해져."

미래 엽서

"서류와 사람, 시간과 약속이 너의 손을 거치자 복잡하던 하루가 차분히 제자리를 찾았어. '대단한 성과'는 조용히 오더라—바로 네가 만든 평온처럼."

3. C형: 감수성의 길 - 마음의 색을 읽는 아이

이 아이는 세상이 조금 더 선명하다. 빛과 소리, 말의 온도에 민감하고, 그만큼 아름다움과 아픔을 깊이 감지한다. 다른 사람의 감정을 잘 알아채고, 자신의 느낌을 표현하는 능력이 뛰어나다.

어른이 된 모습

이들은 이야기를 수집하고, 아픔을 돌보고, 경험을 더 따뜻하게 만드는 일을 한다. 그림, 음악, 글, 디자인에서도 빛이 나고, 상담과 돌봄에서도 탁월함을 보인다. 사람들의 보이지 않는 필요를 읽어내는 안테나를 가지고 있다.

감성 지능EQ 연구의 선구자 대니얼 골먼은 "감정을 정확히 인식하고 표현하는 능력이 리더십과 대인관계의 핵심"이라고 말했다. 감수성형 아이들은 이 능력을 자연스럽게 갖추고 태어난다.

잘 맞는 영역

- 상담 및 사회복지: 사람의 마음을 돌보는 일. 심리상담사, 사회복지사, 치료사, 코치 등.
- 디자인과 브랜딩: 감각적 경험을 설계하는 일. 그래픽 디자이너, 브랜드 디자이너, 공간 디자이너, 패션 디자이너 등.
- 글과 영상: 이야기로 감동을 전하는 일. 작가, 시나리오 작가, 영상 감독, 다큐멘터리 제작자 등.
- UX 리서치 및 서비스 디자인: 사용자의 불편과 니즈를 발견하는 일. UX 리서처, 서비스 디자이너, 경험 기획자 등.

길을 넓히는 습관

- 표현의 루틴: 주 1개 작품(그림, 글, 사진, 짧은 영상)으로 마음을 바깥으로 꺼내는 연습. 감정이 내면에만 머물면 압도되지만, 표현

하면 정리된다.

- 회복의 루틴: 감수성형 아이는 자극을 많이 받으므로 회복 시간이 필수다. 조용한 자리, 빛과 소리 조절, 산책—감정의 숨을 돌리는 나만의 방식을 찾는다.
- 작은 공개: 10명 앞에서 피드백을 들어보는 경험. 처음엔 두렵지만, 피드백을 상처가 아닌 성장의 비료로 받아들이는 법을 배운다.

포근한 한마디

"네가 보는 세계의 결이, 우리 세상을 부드럽게 해."

미래 엽서

"네가 쓴 한 문장 때문에 울지 않던 사람이 울었고, 네가 만든 화면 덕분에 누구도 놓치지 않게 되었지. 예민함은 결함이 아니라 해상도였어."

4. D형: 탐구의 길 - 원리를 끝까지 파는 아이

이 아이는 '왜?'에서 힘이 난다. 관찰하고 정리하고 연결해, 질서와 설명을 만들어낸다. 표면 아래의 패턴을 찾고, 복잡한 것을 단순하게 정리하는 능력이 있다.

어른이 된 모습

이들은 연구, 데이터, 엔지니어링, 법, 의료 같은 곳에서 근거와 정확성으로 신뢰를 만든다. 직관보다 분석을, 감각보다 논리를 중시한다. 세상의 작동 원리를 이해하고 설명하는 사람들이다.

인지 과학자들은 이를 '체계화 성향Systemizing'이라 부른다. 이 성향이 높은 사람들은 과학, 기술, 공학 분야에서 탁월한 성과를 낸다는 연구 결과가 있다.

잘 맞는 영역

- 연구 및 분석: 데이터에서 인사이트를 찾는 일. 연구원, 데이터 분석가, 통계학자, 시장조사 전문가 등.
- 프로그래밍과 엔지니어링: 시스템을 설계하고 구축하는 일. 소프트웨어 엔지니어, 시스템 설계자, AI 연구원, 하드웨어 개발자 등.
- 법과 정책, 회계: 규칙과 논리로 질서를 만드는 일. 변호사, 정책 분석가, 회계사, 감사 전문가 등.
- 의학과 과학: 생명과 자연의 원리를 탐구하는 일. 의사, 연구의, 생명과학자, 약사 등.

길을 넓히는 습관

- 간단 보고서: "무엇이 궁금했나 - 어떻게 알아봤나 - 무엇을 알았나" 3문장으로 정리하는 습관. 탐구를 끝까지 완성하는 연습이다.

- 80%에서 내보내기: 완벽보다 완성이 중요하다. 작은 발표가 큰 완성을 부른다. 100%를 기다리다 아무것도 내놓지 못하는 것보다, 80%를 빨리 공유하고 개선하는 것이 낫다.

- 함께 생각하기: 친구와 페어로 문제 풀기, 스터디 그룹 만들기. 고립을 연결로 바꾸는 연습이 필요하다. 혼자 파는 힘에 함께 나누는 힘을 더한다.

포근한 한마디

"네가 이해한 세계는, 다른 사람의 안전망이 돼."

미래 엽서

"수많은 추측 속에서 너는 근거를 세웠고, 그 근거가 사람들의 결정을 바꾸었어. 깊이는 느리지만, 그래서 오래 믿어진단다."

'포트폴리오'는 거창한 작품집이 아니다

포트폴리오란 말이 무겁게 들릴 수 있다. 전문적인 작품집, 두꺼운

파일, 화려한 디자인을 떠올리며 "우리 아이는 아직 멀었는데…"라고 생각할지 모른다.

하지만 여기서 말하는 포트폴리오는 그런 것이 아니다.

포트폴리오="해 봤다"의 작은 증거 3가지

- 사진 한 장
- 한 줄 요약
- 배운 점 한 문장

이것으로 충분하다. 예를 들어보자.

모험의 길 포트폴리오: 동네 플리마켓 1회 운영

- 사진: 부스 전경과 방문자들
- 한 줄 요약: 참여 40명, 홍보는 직접 만들었고 재고는 3개 남았다.
- 배운 점: 다음엔 결제 방식을 더 간단히 하고 싶다.

안정의 길 포트폴리오: 반 친구 지각 알림표 만들기

- 사진: 완성된 알림표와 게시된 모습
- 한 줄 요약: 도입 후 지각이 8회에서 3회로 줄었다.
- 배운 점: 모두가 규칙을 지키면 분위기가 편해진다는 걸 알았다.

감수성의 길 포트폴리오: 학교 안내장 디자인 개편

- 사진: 개편 전후 비교

- 한 줄 요약: 글자 크기와 색상 조정으로 읽기 편해졌다는 반응

- 배운 점: 부모 설문 만족도 4.6/5, 작은 변화가 큰 차이를 만든다.

탐구의 길 포트폴리오: 교실 온도와 집중 시간의 관계 연구

- 사진: 데이터 그래프

- 한 줄 요약: 온도 23~24℃일 때 독서 지속 시간이 1.4배 길었다.

- 배운 점: 환경이 행동에 영향을 준다는 걸 숫자로 확인했다.

단출하지만 충분하다. "어제보다 나은 오늘"의 증거면 된다. 중요한 것은 화려함이 아니라 '해 본 경험'과 '그로부터 배운 것'이다.

나이에 따라 달라지는 '미래형 경험'

아이의 발달 단계에 따라 미래를 준비하는 방식도 달라져야 한다. 각 시기에 맞는 경험의 깊이와 폭이 있다.

초등 고학년(4~6학년): 넓게 맛보기

이 시기는 탐색의 시기다. 한 달에 작은 실험 하나씩 해 본다. 가게 놀이, 미니 연구, 인터뷰 영상, 동네 탐방, 간단한 봉사 등. 무엇이든

좋다. 목표는 "이런 것도 있구나."를 아는 것이다.

뇌과학적으로 이 시기는 전전두엽이 급속히 발달하는 시기다. 다양한 경험이 뇌의 연결망을 풍부하게 만든다. 한 가지만 집중하기보다 여러 가지를 넓게 경험하는 것이 더 중요하다.

중학생: 문제 정의를 배우기

탐색을 넘어 '문제 찾기'를 시작한다. 우리 학교나 동네의 불편한 점 한 가지를 골라 개선해본다. "왜 불편할까?", "어떻게 하면 나아질까?"를 생각하며 작은 해결책을 시도한다.

이 시기는 추상적 사고가 발달하는 때다. 구체적 경험에서 일반 원리를 추출하는 능력이 자란다. 단순히 경험하는 것을 넘어 그 경험을 분석하고 개선하는 연습이 필요하다.

고등학생: 한 분야에 깊이 1건

이제는 깊이의 시기다. 한 분야에 최소 3개월 이상 몰입해본다. 공모전, 지속적 봉사, 자유 연구, 작은 서비스 운영, 무엇이든 좋다. 중요한 것은 '끝을 본 경험'이다. 시작만 많고 끝이 없으면 성취감도, 배움도 약하다.

이 시기 뇌는 효율성을 추구하며 불필요한 연결을 정리한다(가지치기, pruning). 선택과 집중을 통해 자신의 강점 영역을 명확히 하는 것이 중요하다.

대학 및 사회 초년: 숫자로 말하기

이제는 임팩트를 보여줘야 한다. "얼마나 나아졌는지"를 간단한 수치로 남긴다. 사용자 ○명, 만족도 ○점, 개선율 ○%처럼. 숫자는 주관을 객관으로 바꿔준다.

조직에서는 "열심히 했다"보다 "이런 결과를 냈다"가 더 강력하다. 수치화 습관은 자신의 기여를 명확히 보여주는 무기가 된다.

부모에게: 결과가 기대에 못 미쳐도 시도 자체를 칭찬해주세요. 성장은 "다음에 더 잘할 이유"에서 시작됩니다.

부모의 작은 도구상자

아이의 미래를 준비하는 데 거창한 계획표는 필요 없다. 작고 구체적인 질문과 기록 도구면 충분하다.

미래 질문 3개

매주 또는 격주로 아이와 나누는 질문이다. 부담 없이, 대화하듯 물어본다.

1. "이번 주 네가 제일 좋아 보였던 순간은 언제였지?"

아이 스스로 자신의 강점을 발견하도록 돕는 질문이다. 부모가 "넌 이게 좋더라."라고 말하는 것보다, 아이가 스스로 "그때가 좋았어."라고 말하게 하는 것이 훨씬 강력하다. 자기 인식은 타인의 평가보다 오래 남는다.

2. "그 힘이 더 잘 쓰이려면 무엇을 하나 더 붙이면 좋을까?"

강점을 발견하는 것에서 한 걸음 더 나아간다. 좋아하는 것을 더 잘하려면 무엇이 필요한지 생각하게 한다. "그림 그리는 게 좋았어." → "그럼 친구들에게 설명하는 연습을 해 볼까?" 이렇게 자연스럽게 보완 기술로 연결된다.

3. "작게 한번 시험해볼까? 사진 한 장만 남겨보자."

실행으로 이어지게 하는 질문이다. 생각에서 행동으로, 행동에서 기록으로. 작은 증거를 남기는 습관이 쌓이면, 나중에 자신의 성장을 되돌아볼 수 있는 타임캡슐이 된다.

한 장 기록표(주간)

복잡한 양식은 필요 없다. A4 용지 반 장이면 충분하다. 이 표를 매주 작성하면 한 학기에 약 15~20개의 작은 성장 기록이 쌓인다. 일 년이면 40개가 넘는다. 이것이 포트폴리오의 씨앗이다.

구분	내용(예시)
이번 주 반짝였던 장면 1개	수학 문제를 혼자 풀었을 때 / 친구를 도와줬을 때
다음 주에 한 번 더 해 볼 방법 1개	어려운 문제 하나 더 도전 / 다른 친구도 도와주기
기록(사진/한 줄)	문제집 사진 / "오늘 3문제 스스로 풀었다."

격려의 문장

각 유형별로 아이의 마음에 힘을 주는 한마디를 준비해두자. 아이가 힘들어할 때, 좌절할 때, 이 문장들이 작은 안전망이 되어준다.

모험의 길: "네가 길을 열면 바람이 분다."

안정의 길: "네가 있으면 모두 숨을 고른다."

감수성의 길: "네가 건네는 색이 사람을 살린다."

탐구의 길: "네가 찾은 원리가 세상을 단단하게 한다."

이 문장들은 단순한 위로가 아니다. 아이의 본질을 인정하고, 그 본질이 세상에서 어떤 가치를 만드는지 알려주는 '정체성 문장'이다.

자주 하는 오해, 다정하게 풀기

부모들이 자주 걱정하는 지점들을 하나씩 풀어보자. 걱정 뒤에는 항상 사랑이 있지만, 때로 그 걱정이 아이의 본래 힘을 가리기도 한다.

1. "우리 아이는 너무 산만해요."

부모의 걱정: 한 곳에 집중하지 못하고 이것저것 건드리다 말아요. 깊이가 없는 것 같아 걱정이에요.

다른 시각: 바람은 산만한 게 아니다. 방향을 만나면 돛이 된다. 에너지가 높은 아이는 여러 방향을 시도하며 자신의 길을 찾는다. 지금은 탐색의 시기일 수도 있다. 억지로 한 가지만 하게 하면 그 에너지가 사라지거나 저항으로 변할 수도 있다.

대신 해 볼 것: 짧은 프로젝트를 여러 개 제공한다. 한 달에 3~4개의 작은 도전을 주고, 각각 일주일 안에 마무리하게 한다. 완성의 기쁨을 자주 맛보면 자연스럽게 집중 시간이 늘어난다.

2. "너무 예민해서 걱정이에요."

부모의 걱정: 작은 일에도 쉽게 상처받고, 감정 기복이 커서 힘들어해요. 사회생활이 걱정돼요.

다른 시각: 예민함은 고장 난 센서가 아니라 좋은 안테나이다. 다른 사람이 놓치는 것을 캐치하는 능력이다. 많은 예술가, 디자이너, 상담가들이 이 특성을 가지고 있다. 문제는 예민함 자체가 아니라 그것을 다루는 방법을 아직 배우지 못한 것이다.

대신 해 볼 것: 감정을 표현하는 통로를 만들어주어라. 그림, 글쓰기, 음악, 어떤 형태든 좋다. 또한 '회복 루틴'을 함께 만들어라. 혼자만의 시간, 조용한 공간, 자연과의 접촉. 이런 회복 시간이 있으면 예민함을 자산으로 바꿀 수 있다.

3. "너무 안전만 찾아요."

부모의 걱정: 새로운 것을 시도하지 않으려 하고, 익숙한 것만 반복해요. 도전 정신이 부족한 것 같아요.

다른 시각: 안전은 성장의 바닥이다. 바닥이 단단하면 더 멀리 갈 수 있다. 안정을 추구하는 아이는 준비가 되었을 때 움직인다. 무리하게 밀어내면 불안만 커지고 더 움츠러든다. 대신 작은 성공 경험을 차곡차곡 쌓으면, 그 경험이 다음 도전의 발판이 된다.

대신 해 볼 것: '예고와 준비'를 제공한다. "다음 주에 이것을 해 볼 거야."라고 미리 알려주고, 사진이나 영상으로 미리 보여준다. 그리고 작게 시작한다. "30분만, 한 번만, 엄마랑 같이" 이런 식으로 안전

 엄마의 말투가 바뀌면 아이 뇌는 기적이 일어난다

망을 제공하면서 조금씩 반경을 넓히면 된다.

4. "너무 완벽을 추구해요."

부모의 걱정: 조금이라도 틀리면 처음부터 다시 하려 하고, 결국 완성을 못 해요. 너무 높은 기준 때문에 힘들어합니다.

다른 시각: 완벽은 끝이 아니라 멈춤일 때가 많다. 완벽주의는 높은 기준이 아니라 실패에 대한 두려움에서 나온다. "완벽해야 인정받는다"는 메시지를 어디선가 받았을 가능성이 높다. 필요한 것은 완성의 기쁨을 먼저 맛보게 하는 것이다.

대신 해 볼 것: "80% 룰"을 도입한다. "완벽하지 않아도 괜찮아. 80%만 되면 일단 내보내고, 피드백 받아서 다음에 더 좋게 만들자." 작은 완성을 자주 경험하면 완벽주의의 압박에서 벗어날 수 있다. 그리고 부모가 먼저 실수를 편하게 이야기하는 모습을 보여주는 것도 도움이 된다.

복합형 아이를 위한 특별한 가이드

실제로 대부분의 아이는 한 유형에만 속하지 않는다. 두세 가지 특성이 섞여 있는 '복합형'이 훨씬 많다. 복합형은 세 가지 대표 패턴으로 구분할 수 있는데 각 유형별로 부모가 어떻게 해야 하는지 알아보자.

1. 모험+탐구형: 활발한 탐구자

새로운 것을 시도하는 에너지(모험)와 원리를 파고드는 집중력(탐구)이 함께 있다. 과학 실험, 탐사 프로젝트, 현장 연구 같은 활동에서 빛이 난다.

길을 넓히는 방법: 미션형 프로젝트를 제공한다. "이번 달 미션: 우리 동네 나무 10종 조사하고 도감 만들기." 행동과 학습을 동시에 만족시킨다. 결과를 발표로 연결하면 더욱 좋다.

2. 안정+감수성형: 안정적 예술가

루틴을 좋아하지만(안정) 동시에 감정과 아름다움에 민감하다(감수성). 차분한 환경에서 예술 활동을 할 때 가장 편안해한다.

길을 넓히는 방법: 정기적인 표현 활동을 루틴에 포함시킨다. "매주 일요일 오후는 내 창작 시간"처럼. 예측 가능한 틀 안에서 자유롭게 표현하는 기회를 준다.

3. 모험+감수성형: 에너지 공감형

활발하고 사람을 좋아하지만(모험) 동시에 타인의 감정에 민감하다(감수성). 사람들과 함께 움직이면서 감정을 나누는 활동에 적합하다.

길을 넓히는 방법: 역할극, 무용, 집단 미술, 팀 스포츠처럼 몸과 마

음이 함께 움직이는 활동을 제공한다. 에너지를 표현으로 연결하는 통로가 된다.

복합형 관찰의 핵심

"어떤 상황에서 가장 편안하고 생산적인가?"를 관찰한다. 혼자일 때 vs 함께일 때, 정해진 틀이 있을 때 vs 자유로울 때, 조용한 환경 vs 활기찬 환경. 이 관찰이 쌓이면 아이의 최적 환경이 보인다.

발달 단계별 뇌의 변화와 대응법

아이의 뇌는 계속 변한다. 나이에 따라 우세한 회로가 달라지고, 새로운 능력이 열린다. 각 단계의 특성을 이해하면 불필요한 걱정을 줄일 수 있다.

3~5세: 뇌 지문의 기본 패턴 형성

이 시기는 기질의 기본 윤곽이 드러나는 때다. 외향적인지 내향적인지, 새로운 것을 좋아하는지 익숙한 것을 선호하는지가 명확해진다.

부모의 역할: 관찰자가 되어준다. "우리 아이는 이런 상황에서 편안해하는구나"를 기록한다. 아직 변화를 시도하기보다 있는 그대로를 이해하는 시기다.

6~8세: 특정 회로의 강화

뇌의 특정 영역이 빠르게 발달한다. 어떤 아이는 언어 회로가, 어떤 아이는 공간 인지가, 어떤 아이는 사회적 인지가 먼저 자란다. 이 차이가 또래와의 차이를 만들어낸다.

부모의 역할: 비교를 멈춘다. "다른 아이는 벌써 저러는데"라는 생각을 내려놓는다. 내 아이의 회로가 자라는 시간표를 존중한다. 대신 아이가 잘하는 것을 더 자주 경험하게 한다.

9~12세: 복합형 설계의 황금기 - "조율의 뇌"

전전두엽이 본격적으로 발달하면서 충동 조절과 계획 능력이 자란다. 여러 능력을 조합해서 사용하는 법을 배우는 시기다. 복합형 강점이 빛나기 시작한다.

부모의 역할: 도전 과제를 준다. 단순한 과제가 아니라 여러 능력을 조합해야 하는 프로젝트. "가족 여행 일정 짜기"처럼 조사, 계산, 소통을 함께 사용하는 활동이 좋다.

13~18세: 정체성 형성과 자율성

사춘기는 뇌의 대대적 재배치 시기다. 감정 뇌(변연계)는 활성화되지만 통제 뇌(전전두엽)는 아직 완성되지 않아 감정 기복이 크다. 동시에 "나는 누구인가"를 치열하게 탐색한다.

부모의 역할: 거리를 조절한다. 너무 가까이 붙어 있으면 답답해하고, 너무 멀어지면 불안해한다. "필요할 때 도움을 줄 수 있는 거리"에서 지켜본다. 강요보다 제안, 지시보다 질문으로 접근한다.

20년을 내다보는 부모의 다짐

우리가 오늘 세우는 것은 거창한 계획표가 아니다. 작게라도, 꾸준히, 증거를 남기는 삶이다. 아이의 성향을 꺾지 않고 살려주되 세상에서 잘 쓰이도록 작은 날개를 덧대 주는 일, 그게 부모의 가장 다정한 전략이다.

부모의 세 가지 약속

1. 비교하지 않는다

다른 아이가 아니라 어제의 우리 아이와 비교한다. "지난달보다 조금 나아졌네."가 최고의 칭찬이다. 비교는 동기가 아니라 상처를 만든다.

2. 작은 시도를 소중히 여긴다

결과가 기대에 못 미쳐도 괜찮다. 시도 자체가 용기다. "해 봐서 다

행이야. 이제 다음엔 뭘 다르게 할지 알았잖아."라고 말해준다. 실패
는 끝이 아니라 데이터다.

3. 아이의 속도를 존중한다

빨리 가는 것보다 멀리 가는 것이 중요하다. 어떤 아이는 3개월 만
에 도달하고, 어떤 아이는 3년이 걸린다. 그 시간의 차이를 받아들인
다. 늦게 피는 꽃이 더 오래 가는 경우도 많다.

부모 자신을 돌보기

아이의 미래를 설계하느라 정작 부모가 지치면 안 된다. 부모가 행
복해야 아이도 행복하다. 일주일에 한 번은 온전히 나만의 시간을 가
져라. 책을 읽거나, 산책하거나, 친구를 만나거나. 아이에게 가장 필
요한 것은 완벽한 부모가 아니라 자신을 사랑할 줄 아는 부모다.

천천히, 그러나 꾸준히

교육은 단거리 달리기가 아니라 마라톤이다. 어떤 구간에서는 빠
르게 달리고, 어떤 구간에서는 천천히 걷는다. 때로는 멈춰서 숨을
고르기도 한다. 그 모든 것이 과정이다.

지금 당장 아이가 두드러진 재능을 보이지 않아도 괜찮다. 지금 다

     엄마의 말투가 바뀌면 아이 뇌는 기적이 일어난다

른 아이보다 느린 것 같아도 괜찮다. 중요한 것은 아이가 자신의 고유한 빛을 발견하고, 그 빛을 키워나가는 경험을 하는 것이다.

하버드 대학의 발달심리학자 하워드 가드너는 "모든 아이는 적어도 한 가지 이상의 지능에서 강점을 가지고 태어난다."라고 말했다. 부모의 역할은 그 강점을 찾아주고, 믿어주고, 펼칠 기회를 만들어주는 것이다. 20년 뒤, 아이가 성인이 되었을 때 이렇게 말할 수 있다면 성공이다.

"나는 내가 누구인지 알아. 내가 잘하는 것이 뭔지 알고, 그걸 어떻게 쓰면 되는지도 알아. 부모님은 나를 다른 사람으로 만들려 하지 않고, 나답게 자라도록 도와주셨어."

이것이 우리가 아이에게 줄 수 있는 가장 큰 선물이다.

오늘의 말투 한마디

"너는 너라서 소중해."

평생을 좌우하는
핵심 능력 기르기

“자존감, 회복탄력성,
미래역량은 일상 대화에서 시작된다”

자존감 형성 돕기

자존감은 타고나는 것이 아니라, 부모와 교사의 말투로 설계된다

시한이 엄마의 3년 여정

시한이 엄마는 손톱을 물어뜯는 버릇이 있었다. 아이가 유치원에서 돌아올 때마다 "오늘은 또 무슨 일이 있었을까." 하는 걱정이 앞섰다. 매사에 조심스러워하는 엄마의 모습을 보며 자란 시한이 역시 새로운 시도를 두려워했다.

"엄마, 나 못 할 것 같아." 미술 시간만 되면 시한이는 이렇게 말하며 움츠러들었다.

전환점은 유치원에서 시작된 부모교육 훈련이었다. 3년간의 체계적인 교육을 통해 엄마는 점차 변화했다. 아이를 믿어주고, 기다려주며, 실패해도 다시 시작할 수 있다는 용기를 주는 법을 배웠다.

그 결과는 놀라웠다. 7살이 된 시한이는 이제 이렇게 말한다. "엄마, 내가 미술시간에 내 작품 다 완성하고, 잘 못 오리는 친구까지 도와줬어!" "처음엔 틀렸지만 다시 해 보니까 어렵지 않더라고요."

자신감을 회복한 시한이는 이제 초등학교 생활을 즐겁게 하고 있다. 무엇이 이런 변화를 만들어낸 걸까?

자존감의 뇌과학적 기반

최신 뇌과학 연구에 따르면, 자존감은 뇌의 여러 영역이 복합적으로 작용한 결과다.

- 전전두피질PFC: "나는 누구인가"를 지속적으로 업데이트하는 자기 인식의 허브다. 높은 자존감을 가진 아이들은 전전두피질의 활동이 더 활발하며, 이는 자기조절과 의사결정 능력과 밀접한 관련이 있다.
- 해마: 경험을 정서적 맥락과 함께 장기 기억으로 저장한다. 해마는 기억과 학습을 관장하며, 새로운 정보를 단기간 저장했다가 대뇌피질로 보내 장기 기억으로 저장하거나 삭제하는 역할을 한다. 반복적인 긍정적 경험이 해마를 통해 안정적인 자기 이미지로 저장된다.

- 편도체: 위협이나 조롱이 반복되면 불안 회로가 과흥분되어 회피와 위축 행동을 유발한다. 시한이가 초기에 보였던 "못 할 것 같아." 반응이 바로 이런 메커니즘의 결과였다.

- 보상 회로: 성취와 인정의 보상 신호를 처리하여 "나는 해낼 수 있다"는 신념을 축적한다. 보상회로는 복측피개영역, 측좌핵, 전전두엽피질을 연결하는 도파민 경로로, 긍정적 피드백을 받을 때 활성화되어 자존감 향상에 기여한다.

핵심 메커니즘

존재를 인정하고 감정을 공명시키며 행동을 의미로 연결하는 언어가 전전두피질-해마-보상회로를 동조시켜 자존감 회로를 강화한다. 반대로 '비교나 조건화'는 보상 회로의 의미 신호를 흐리게 해 도전 의지를 떨어뜨린다. 시한이 엄마가 부모교육을 받기 전 무의식적으로 사용했던 "다른 아이들은 잘하는데…"와 같은 말들이 정확히 이런 부정적 효과를 만들어냈던 것이다.

자존감을 키우는 3단 대화법 - OGM 스크립트

시한이 엄마가 3년간의 훈련을 통해 체득한 대화법을 체계화하면 다음과 같다.

O(Observation) - 관찰(평가 없이 사실만 말하기)

시한이가 미술 작품을 완성했을 때, 엄마는 이제 "잘했어."보다 "색칠을 끝까지 해냈구나."라고 관찰한 사실을 먼저 말한다.

G(Genuine feeling) - 진정한 감정(양육자의 솔직한 감정 공유)

"시한아, 네가 친구를 도와준다는 말을 듣고 엄마가 정말 뿌듯했어."

M(Meaning) - 의미(행동을 가치와 정체성으로 연결)

"틀려도 다시 도전하는 너의 용기가 시한이를 더 강하게 만든다."

한국아동·청소년패널조사 연구에 따르면, 부모의 긍정적 양육태도는 아동의 높은 자아존중감과 관련이 있으며, 부정적 양육 태도는 아동의 낮은 자아존중감과 연관된다. 이 3단계가 반복될 때 자기효능감 네트워크(해마-전전두피질-보상회로)가 강화된다.

한 줄 기억법: "보고(관찰) - 느끼고(감정) - 이어준다(의미)"

사례 1: 포기 습관을 바꾼 민재

- 상황: 7세 민재는 그림을 늘 중간에 포기했다.
- 기존 반응: "왜 또 안 끝내고 그만둬?"

- OGM 적용:

- 엄마: "끝까지 색을 채웠구나(O). 엄마가 정말 기쁘다(G). 꾸준함이 네 진짜 힘이야(M)."

- 결과: 3개월 후 완성하는 루틴이 정착되었다.

사례 2: 실수 두려움을 극복한 지윤

- 상황: 6세 지윤이는 틀리면 눈물부터 났다.

- 기존 반응: "울지 말고 다시 해 봐."

- OGM 적용: 아빠: "틀려도 괜찮다는 걸 알겠구나(O). 속상했지(G). 실수는 배움의 입구야(M)."

- 결과: 재도전 회로가 활성화되어 연습이 즐거움으로 전환되었다.

사례 3: 시한이의 변화 - 불안에서 자신감으로

- 상황: 시한이 엄마는 3년간의 부모교육 훈련을 받았다.

- 기존 패턴: "시한아, 조심해. 다칠 수 있어." "다른 친구들은 벌써…"

- 변화된 대화

"새로운 걸 시도하는구나(O). 엄마도 처음엔 떨려(G). 도전하는 마음이 너를 성장시킨다(M)."

"틀렸지만 끝까지 해 보았구나(O). 네 용기에 감동이야(G). 포기하지 않는 게 진짜 실력이야(M)."

결과: 7살이 된 시한이는 "틀려도 해 보니까 어렵지 않아."라며 자신감을 보이고, 친구를 도와줄 만큼 여유로워졌다.

실천 가이드

매일 5분 자존감 충전 루틴: 부모용

- 시간표: 관찰 1분 → 감정 2분 → 의미 2분 (OGM 5분)

시한이 엄마는 매일 잠자리에서 5분 루틴을 실천했고, 3개월쯤 지나니 아이의 변화가 눈에 띄게 달라졌다.

빠른 상황별 문장

- 실수 직후: "실수했구나(O). 속상했겠다(G). 실수는 배움의 시작점이야(M)."
- 도전 전: "준비가 되어 가는구나(O). 떨릴 수 있지(G). 떨림은 성장의 신호야(M)."
- 갈등 후: "사과하려고 기다렸구나(O). 용기를 냈네(G). 우리는 회복하는 가족이야(M)."

교실 3분 루틴: 교사용

- 수업 마감 3분 자존감 충전

- 관찰: "오늘 질문이 3개나 나왔구나."

- 감정: "여러분의 호기심이 정말 자랑스럽다."

- 의미: "질문하는 반이 성장하는 반이다."

자존감을 무너뜨리는 말투 (반드시 피하기)

연구에 따르면, 부정적 양육 방식은 아동의 낮은 자기평가를 유발하며, 이는 청소년기 정신건강 문제로 이어질 수 있다.

- 비교형: "누나는 잘하는데 넌 왜…" → 타인 기준 자아 형성

- 조건부 칭찬: "잘했으니 예뻐해줄게." → 사랑의 조건화

- 낙인형: "넌 원래 게을러." → 정체성 왜곡

- 조롱형: "그것도 못해?" → 편도체 경보 체계 강화

대체 문장

- 비교 대신: "너의 전진이 보인다."

- 조건 대신: "결과와 상관없이 네 노력이 소중하다."

- 낙인 대신: "지금은 낯설지만 곧 익숙해진다."

     엄마의 말투가 바뀌면 아이 뇌는 기적이 일어난다

- 조롱 대신: "다음 한 걸음은 뭐가 좋을까?"

하루 일과별 3문장 실전 스크립트 세트

- 아침: "스스로 일어났구나(O). 네 시작이 든든하다(G). 자기관리가 정말 자랑스러워(M)."
- 식사시간: "채소를 한입 더 먹었네(O). 고마워(G). 몸을 돌보는 책임감이 자라는구나(M)."
- 학습시간: "어려운 문제에 다시 도전했구나(O). 네 끈기에 감동했어(G). 탐구심이 너를 키운다(M)."
- 잠자리: "오늘 네가 도와준 순간이 기억나(O). 정말 따뜻했어(G). 배려가 너의 빛이야(M)."

자존감의 장기적 효과

연구에 따르면, 뇌과학적 관점에서 전전두피질은 성인기까지 계속 발달하며, 이 시기의 긍정적 경험이 평생의 자기조절 능력을 결정한다. 높은 자존감은 스트레스 상황에서 전전두피질과 편도체의 균형을 지켜준다.

- 높은 자존감: 실패 후 재도전, 관계에서 경계와 연결의 균형, 비

교에 덜 흔들림

- 낮은 자존감: 작은 실패에도 과도한 좌절, 인정 의존, 회피 패턴
  고착

시한이의 변화가 정확히 이를 보여준다. 과거 "못 할 것 같아."라며 회피하던 아이가 이제는 "틀려도 해 보니까 어렵지 않더라고요."라며 적극적으로 도전하고 있다.

국가적 패널조사 연구에 따르면, 부모의 긍정적 소통 패턴이 아동의 사회적 역량, 학업 성취, 정서적 안정성에 장기적으로 영향을 미친다. 자존감은 성적의 부산물이 아니라 관계 언어의 결실이다. 오늘의 목소리가 내일의 전전두피질을 단련한다.

부모·교사 성찰 일일 점검 체크리스트

시한이 엄마는 매일 저녁 이 체크리스트를 작성했다. 처음엔 점수가 낮았지만, 3개월 후부터는 꾸준히 35점 이상을 유지할 수 있었다.

오늘 나는⋯ (5점 척도: 1=전혀 아님, 5=매우 그럼)

행동을 그대로 관찰해서 말했다.	점
과정을 칭찬했다.	점
나의 진짜 감정을 공유했다.	점
비교나 조건부 칭찬을 피했다.	점
도전 자체를 인정했다.	점
작은 실패를 위로→격려로 연결했다.	점
OGM 5분/3분 루틴을 실천했다.	점
눈맞춤, 미소, 안정된 호흡으로 안정감을 주었다.	점
"넌 소중해."를 직접 말했다.	점
오늘 내 목소리에 온기가 있었다.	점

점수별 가이드

- 42-50점: 루틴 정착. 미세 조정으로 깊이 강화

- 31-41점: 성장 단계. 한 구간(아침/학습/잠자리) 집중 개선

- 30점 이하: 핵심 1장면(잠자리) 2주간 OGM 고정 연습부터

오늘의 5분이 평생을 바꾼다

아이의 자존감은 거창한 이벤트가 아니라 오늘의 한마디, 한 번의 눈맞춤, 한 번의 기다림 속에서 자란다. 관찰은 존재감을, 감정 공유

는 연결감을, 의미 부여는 정체성을 만든다.

아이의 뇌는 이렇게 기억할 것이다. "나는 소중하다. 나는 해낼 수 있다. 나는 사랑받는다."

시한이처럼, 우리의 아이들도 매일의 따뜻한 말 한마디로 자신감을 키워갈 수 있다. 3년간의 변화가 증명하듯이, 늦은 시작은 없다. 오늘부터 시작하면 된다.

회복탄력성 기르기

실패는 뇌의 성장을 부르는 신호다

소운이가 들려준 성장 이야기

지난 봄, 성숙한 모습으로 자란 소운이가 엄마와 함께 나를 찾아왔다. 제주 국제중학교 생활을 이야기하는 그 아이의 눈빛은 과거의 무표정한 모습과는 전혀 달랐다.

"선생님, 처음엔 영어로 발표할 때 정말 떨렸어요. 그런데 실수해도 괜찮다는 걸 알았거든요. 실수할 때마다 더 많이 배우게 되더라고요."

소운이는 원래 즐거운 일도, 해 보고 싶은 활동도 없는 늘 무표정한 모습이었다. 다른 아이들과 확연히 다른 소운이의 모습을 관찰한 엄마는 유치원 부모교육을 4년 동안 꾸준히 받았다.

그 변화의 과정은 기적 같았다. 두려움을 극복하기 위해 캠핑 등 직접 경험할 수 있는 활동들을 늘려갔고, 4세, 5세부터는 방학마다 해외여행을 규칙적으로 가기 시작했다. 패키지 여행이 아닌, 숙소와 교통수단을 모두 아이와 의논해서 결정하는 방식이었다. 시간이 지날수록 소운이가 계획하는 부분이 늘어났다. 여행 나라 선정부터 식사, 숙소, 박물관까지 모든 것을 주도적으로 결정하기 시작했다.

캐나다 여행 후 소운이는 엄마에게 말했다. "엄마, 나는 영어를 더 잘하고 싶어요."

중학교 입학을 앞두고 소운이가 스스로 선택한 곳은 제주 국제중학교였다. 주변에서는 "어려울 것"이라고 걱정했지만, 소운이는 자신이 선택한 학교에서 만족스럽고 행복한 시간을 보내고 있었다.

무표정한 아이가 어떻게 이토록 주도적이고 회복탄력성이 강한 아이로 자랄 수 있었을까? 그 비밀은 바로 실패와 도전을 대하는 뇌의 훈련 방식에 있었다.

실패는 뇌가 자라는 순간

축구를 좋아하는 9살 지훈이가 결승전에서 마지막 슛을 놓쳤다. 경기장에 주저앉아 고개를 떨구는 아이를 보며, 아빠는 "끝났다"고 생각했다. 하지만 뇌과학자들은 전혀 다른 이야기를 들려준다. 바로 그 순간이 뇌가 새로운 성장의 길을 내는 골든타임이라고.

아이가 좌절하고 울 때, 우리는 종종 실패의 끝을 본다. 하지만 최신 신경과학 연구들은 말한다. 그때가 바로 뇌가 가장 활발하게 성장하는 순간이라고.

넘어지는 그 순간

- 전전두피질은 차분함을 배우고
- 해마는 경험을 학습으로 저장하며
- 편도체는 두려움을 다루는 방법을 익힌다.

소운이의 경우도 마찬가지였다. 처음 캠핑에서 텐트 치기에 실패했을 때, 엄마는 "왜 못해?"라고 하지 않았다. 대신 "이번에 배운 게 뭐였을까?"라고 물었다. 그 한마디가 소운이의 뇌에서 중요한 전환점이 되었다.

부모의 한마디가 결정적 스위치다. "왜 못했어?"는 성장의 문을 닫고, "이번에 배운 게 뭐였을까?"는 성장 경로를 활짝 연다.

실패는 위기가 아니라 훈련의 골든타임이다. 그 소중한 시간을 성장의 기회로 바꾸는 것은 바로 부모의 목소리다.

회복탄력성, 뇌에서 어떻게 자랄까

최신 신경과학 연구들이 밝혀낸 회복탄력성의 뇌 메커니즘은 놀랍다. 회복탄력성이 높은 사람들은 특정 뇌 영역에서 뚜렷한 구조적, 기능적 차이를 보인다. 이는 회복탄력성이 단순한 성격이 아니라 훈련 가능한 뇌 능력임을 의미한다.

- 전전두피질(PFC, 생각의 사령탑): 실패 후 평정을 유지하고 새로운 계획을 재설정한다. 계획하는 일, 성격의 표현, 의사결정, 사회적 행동 조율 등을 담당하며, 이러한 기능을 '집행 기능Executive function' 또는 실행 기능이라 한다.

- 편도체(뇌의 경보기): 두려움과 분노를 감지하고 기록한다. 기억, 의사결정에 관여하는데 감정, 특히 공포, 불안의 감정에 관련되어 중요한 역할을 한다. 회복탄력성이 높을수록 편도체가 빠르게 진정되며, 스트레스 상황에 대한 적응이 더 신속하게 일어난다.

- 해마(기억의 관문): 실패 경험을 의미 있는 학습 서사로 재구성한다. 스트레스는 기억을 담당하는 해마hippocampus의 기능적 손상을 일으키고 따라서 기억장애를 유발한다. 하지만 긍정적 재프레이밍을 통해 해마의 기능을 보호할 수 있다.

- 보상 회로(측좌핵): "다시 해 보자"는 도전 동기를 지속시킨다. 긍

정적 재프레이밍 언어를 통해 이 회로가 활성화된다.

핵심 메커니즘: 재프레이밍의 힘

스탠포드 대학의 캐롤 드웩Carol Dweck 교수는 성장 마인드셋growth mindset 이론을 통해 실패에 대한 인식 전환의 중요성을 과학적으로 입증했다. 성장 마인드셋은 인간의 능력이 고정된 것이 아니라 시간이 지남에 따라 개발될 수 있다는 믿음이다.

긍정적 재프레이밍 언어는 전전두피질-해마-보상회로 간의 연결을 강화해 "실패→성찰→전략 수정→재도전"의 건강한 루프를 만든다.

특히 주목할 점은 '통제감'의 경험이다. 펜실베니아 대학교의 마틴 셀리그만Martin Seligman 연구에 따르면, 스트레스 상황에서 어느 정도 통제감을 경험한 사람들은 이후 통제 불가능한 상황에서도 놀라운 회복력을 보인다.

소운이의 변화가 바로 이를 증명한다. 여행 계획을 스스로 세우고 실행하면서 '통제감'을 경험한 소운이는 점차 예상치 못한 상황에서도 당황하지 않는 회복탄력성을 갖추게 되었다.

실패를 성장으로 바꾸는 질문 3단계: 뇌 친화적 질문 전략

신경과학 연구를 바탕으로 개발된 이 3단계 질문법은 실패 경험을 뇌 성장의 연료로 전환시킨다.

- 1단계: 배움 회수 - "이번에 뭘 배웠지?"

  → 해마가 실패를 소중한 지식으로 저장하도록 돕는다.

- 2단계: 대안 탐색 - "다른 방법도 있을까?"

  → 전전두피질을 활성화하여 창의적 문제 해결 회로를 점화한다.

- 3단계: 미래 전진 - "다음엔 어떻게 해 볼래?"

  → 보상회로를 자극하여 도전 동기를 되살린다.

소운이 엄마가 4년간의 부모교육을 통해 체득한 대화법도 정확히 이 원리였다. 캐나다 여행에서 길을 잃었을 때도 "왜 지도를 제대로 안 봤어?"가 아니라 "이번에 우리가 배운 게 뭘까?"라고 물었다.

반대로 "왜 못 했어?", "또 실패했네"와 같은 말은 편도체를 과활성화시켜 위축과 회피 회로를 강화한다. 이런 부정적 피드백은 스트레스 호르몬(코르티솔) 분비를 급증시키고 학습 능력을 현저히 저하시킨다.

사례 1: 예준이의 수학 시험 (8세)

- 상황: 수학 시험에서 예상보다 낮은 점수를 받아 "나는 수학을 못해."라고 자책함

- 기존 반응: "왜 못했니? 다음엔 더 열심히 공부해야지."

- 새로운 접근법

  엄마: "이번 시험에서 어떤 부분에서 실수가 많이 나왔는지 알게 됐지?"(배움 회수)

- 구체적 실행: 함께 오답 노트를 만들고 '검산 체크칸' 시스템 도입(대안 탐색)

  → 다음 시험 대비 구체적 계획 수립(미래 전진)

- 결과: 3주 후 계산 실수가 70% 감소했고, "나는 고칠 수 있다"는 새로운 신념 회로가 형성됨

사례 2: 수아의 발레 공연 (6세)

- 상황: 첫 발레 공연에서 안무를 잊어버려 무대에서 울음을 터뜨림

- 기존 반응: "연습을 더 열심히 했어야지. 다음엔 실수하지 마."

- 새로운 접근법

  선생님: "수많은 사람들 앞에서 무대에 선 용기가 정말 대단했어."(긍정적 재프레임)

- 구체적 실행: 다음 공연을 위한 '3번 리허설+1번 마음 속 연습' 루틴 개발(대안 탐색)

- 결과: 공연 경험이 '실패=상처'가 아닌 '도전=성장의 증거'로 뇌에

저장됨. 이후 무대에 대한 두려움이 설렘으로 바뀜

사례 3: 지훈이의 축구 결승슛 (9세)

- 상황: 축구 시합 마지막 순간 결승슛을 놓쳐 팀이 졌음

- 기존 반응: "괜찮다, 다음엔 잘하면 돼. 너무 신경 쓰지 마."

- 새로운 접근법

  아빠: "마지막까지 포기하지 않고 시도한 네가 정말 자랑스럽다.

  다음 훈련은 어떤 방법이 도움이 될까?"

- 구체적 실행: 지훈이가 스스로 '왼발 컨트롤 5분+짧은 거리 슛 20

  회' 개인 훈련 루틴 설계(미래 전진)

- 지속적 변화: 자기주도적 훈련 습관이 정착되고, 실패를 두려워

  하지 않는 재도전 회로가 활성화됨

사례 4: 소운이의 회복탄력성 여정 - 무표정에서 주도성으로

- 초기 상황: 무표정하고 의욕 없는 모습, 새로운 시도를 두려워함

- 엄마의 전략적 접근

  4년간의 체계적 부모교육: 실패를 성장으로 바꾸는 대화법 습득

  점진적 도전 확대: 캠핑 → 국내여행 → 해외여행으로 경험의 폭

  확장

　엄마의 말투가 바뀌면 아이 뇌는 기적이 일어난다

자기결정권 확대: 처음엔 함께 계획 → 점차 소운이가 주도적으로 결정

- 구체적 대화 예시

텐트 치기 실패 시: "이번에 배운 게 뭐였을까?"(배움 회수)

여행 계획 세울 때: "다른 방법은 또 뭐가 있을까?"(대안 탐색)

새로운 도전 앞에서: "다음엔 어떻게 시작해볼까?"(미래 전진)

- 놀라운 변화

  - 캐나다 여행 후: "엄마, 나는 영어를 더 잘하고 싶어요."

  - 중학교 선택: 스스로 제주 국제중학교 결정

  - 현재: 성숙한 모습으로 자신의 경험을 스토리텔링할 수 있는 아이로 성장

- 뇌과학적 분석: 소운이의 변화는 반복적인 성공 경험이 전전두피질-해마-보상회로를 강화하여 "나는 할 수 있다"는 신념 체계를 구축한 완벽한 실증 사례다.

상황별 전환 스크립트 - 한 줄만 바꿔도 달라진다

- 시험을 망쳤을 때

❌ "왜 공부를 제대로 안 했어?"

✅ "이번 경험에서 얻은 소중한 깨달음이 뭐야?"

➕ "다음엔 어떤 부분을 다르게 접근해볼까?"

- 친구에게 거절당했을 때

❌ "네가 뭔가 잘못했으니까 그런 거야."

✅ "거절당하는 건 정말 아프지. 그럼에도 용기 낸 네 마음이 소중해."

➕ "다음엔 어떤 방식으로 마음을 표현해볼까?"

- 새로운 도전에서 실패했을 때

❌ "안 될 것 같으면 시도하지 말았어야지."

✅ "실패는 도전한 사람만이 얻는 귀중한 증거야."

➕ "같은 상황이 다시 온다면 첫 10초를 어떻게 시작할래?"

소운이 엄마가 사용했던 실제 대화도 이런 원리였다. 영어 발표를 실패했을 때, "떨리는 마음으로도 끝까지 해낸 용기가 대단해. 다음엔 어떤 준비를 해 보고 싶어?"라고 말했다.

기억하기 쉬운 핵심 공식

실패=끝 → 실패=성장 데이터

부모 말투의 3대 원칙 (뇌과학 버전)

- 1원칙: 실패를 학습으로 리프레임

  "다 틀렸네, 엉망이야." → "이렇게 용감하게 시도한 것 자체가 정말 인상적이야."

- 2원칙: 비난을 호기심 가득한 질문으로

  "넌 왜 항상 이런 식이야?" → "이번에는 어떤 부분을 다르게 접근해봤어?"

- 3원칙: 조건부 인정을 과정 중심 인정으로

  "성공했으니까 칭찬해줄게." → "준비하고, 집중하고, 다시 일어나는 모습이 정말 멋져."

뇌과학적 효과: 이런 언어 전환은 전전두피질과 해마 사이의 연결을 강화하고, 건강한 재도전 루프를 학습시킨다.

5단계 즉시 회복 루틴 (2-5분이면 OK)

집과 교실 어디서나 사용 가능하다.

- 1단계 호흡: 3-3-3 리듬 (들이마시기 3초, 멈춤 3초, 내쉬기 3초)

  편도체를 진정시키고 부교감신경을 활성화한다.

- 2단계 감정 라벨링: "지금 정말 속상하지"

  감정에 이름을 붙여 전전두피질을 활성화한다.

- 3단계 배움 회수: "이번에 배운 소중한 한 가지는?"

  해마가 경험을 학습으로 저장하도록 유도한다.

- 4단계 대안 탐색: "다른 방법 하나만 생각해보자."

  전전두피질의 창의적 문제 해결 기능을 가동하게 만든다.

- 5단계 미래 약속: "내일 첫 10분은 이렇게 시작해보자."

  보상회로에 새로운 동기 신호를 전달한다.

"호흡 → 감정 → 배움 → 대안 → 첫 10분"

소운이 엄마도 이 루틴을 여행 중 어려운 상황에서 자주 활용했다. 예를 들어 공항에서 비행기가 연착되었을 때도 이 5단계를 통해 소운이가 스스로 상황을 받아들이고 대안을 찾도록 도왔다.

하루 10분 '작은 실패 연구소' - 가정용 회복탄력성 훈련 프로그램

- 실패 수집: 오늘 있었던 작은 실수나 어려움 1개를 객관적으로 기록

- 배움 발견: "이 경험이 내게 알려준 소중한 것은 ___이다." 문장 완성

- 다음 행동: 내일 시도해볼 구체적인 첫 행동 1개 정하기
- 주간 공유: 금요일 저녁 가족이 모여 '이번 주의 소중한 배움' 1분 발표

소운이 가족은 매주 금요일 저녁 '여행 실패 연구소'라는 이름으로 이 활동을 진행했다. 여행에서 경험한 작은 실패들을 함께 나누고, 다음 여행을 위한 아이디어를 모으는 시간이었다.

부모를 위한 유머 처방전

"실패는 뇌의 헬스장이에요. 무게는 가볍게, 횟수는 자주자주!"

부모가 먼저 지켜야 할 자기조절

모델링의 강력한 과학적 근거: 이탈리아 파르마 대학교의 미러뉴런(거울뉴런) 연구에 따르면, 아이들은 부모의 감정 조절 방식을 무의식적으로 학습한다. 부모의 평정심은 아이의 뇌에 그대로 복사된다. 부모가 자신의 실패에서 다시 일어나는 모습을 보여주는 것 자체가 아이에게는 최고의 회복탄력성 수업이다. 소운이 엄마도 여행 중 길을 잘못 찾았을 때 "엄마도 실수했네. 하지만 이번에 새로운 길을 발견했잖아."라며 자신의 실패를 성장으로 프레임하는 모습을 보여줬다.

- 3초 호흡 원칙: 반응하기 전 일단 숨부터 고르기

- 내적 대화 전환: "지금은 아이 뇌를 훈련시키는 소중한 시간이다."

- 목표 상기: "실패를 탓하는 것이 아니라 성장 회로를 보호하는

  것이 핵심이다."

장면별 즉시 사용 카드 - 3문장 완결형 스크립트

아침 재도전 선언

1. "어제 배운 소중한 것은 ___이야."

2. "오늘은 첫 10분을 이렇게 시작해보자."

3. "도전하는 너를 진심으로 믿어."

숙제나 연습 중 좌절할 때

1. "지금 정말 답답하지."

2. "그래도 끝까지 5분만 더 해 보자."

3. "오늘의 경험은 내일의 지혜가 돼."

잠자리 마음 정리 시간

1. "오늘의 배움을 한 줄로 말하면?"

2. "내일의 첫 한 걸음은 뭘까?"

   엄마의 말투가 바뀌면 아이 뇌는 기적이 일어난다

3. "실패해도 우리는 언제나 한 팀이야."

부모 성찰 체크리스트 - 일일 자가 진단

오늘 나는⋯ (5점 척도: 1=전혀 아님, 5=매우 그럼)

실패 순간에 즉각 비난 대신 호흡을 선택했다.	점
"왜 못했어?" 대신 "무엇을 배웠을까?"를 물었다.	점
결과보다 시도와 과정을 인정해주었다.	점
해결책을 아이 스스로 찾을 수 있게 도왔다.	점
실패를 도전의 소중한 증거로 프레임했다.	점
내 불안을 아이에게 전염시키지 않았다.	점
아이가 "다시 해 보고 싶다"는 마음을 갖게 했다.	점
내 목소리에 희망과 믿음이 담겨 있었다.	점
	총 점

점수별 성장 가이드

- 34-40점: 루틴이 완전히 정착되었고 이제 미세 조정만 필요하다.

- 26-33점: 훌륭한 성장 단계. 한 장면(숙제 시간/잠자리)에 집중해서 개선하기.

- 25점 이하: 5단계 회복 루틴을 하루 1회 고정으로 연습하기.

소운이 엄마는 4년간 이 체크리스트를 꾸준히 작성했고, 점수가 30점대로 올라간 시점부터 소운이의 눈에 띄는 변화가 시작되었다고 회고했다.

뇌과학이 증명한 회복탄력성

현재까지 회복탄력성에 대한 연구는 심리학, 정신의학, 간호학, 교육학 등 다양한 분야에서 활발히 진행되고 있다. 특히 한국에서는 2014년 이후 회복탄력성 연구가 본격화되어, 매년 100개 이상의 논문이 발표되고 있다.

회복탄력성 연구의 아버지라 불리는 에미 베르너Emmy Werner와 루스 스미스Ruth Smith는 1955년 하와이 카우아이 섬에서 태어난 505명을 35년간 추적 연구했다. 이 연구에서 72명이 뛰어난 회복탄력성을 보였으며, 그들의 공통점은 "기질적 특성"과 "양육 환경"이었다.

펜실베니아 대학교의 마틴 셀리그만Martin Seligman은 긍정심리학의 아버지로 불리며, 30여 년간 실패, 무기력, 낙관주의를 연구해왔다. 그가 개발한 '펜 회복탄력성 프로그램Penn Resilience Program, PRP'은 전 세계에서 가장 광범위하게 연구된 우울증 예방 프로그램이다. 지난

20년간 21개의 연구에서 8세부터 22세까지 3,000명 이상의 아동과 청소년을 대상으로 검증되었다.

스탠포드 대학교의 캐롤 드웩Carol Dweck 교수의 성장 마인드셋 연구는 수십 년간 축적된 과학적 증거를 바탕으로 한다. 그의 연구에 따르면, 성장 마인드셋을 가진 학생들이 고정 마인드셋을 가진 학생들보다 지속적으로 더 나은 성과를 보인다.

소운이가 남긴 메시지

"선생님, 저는 이제 실패가 무섭지 않아요. 실패할 때마다 뭔가 새로운 걸 배우게 되거든요. 그리고 그 배움이 저를 더 강하게 만들어 주는 것 같아요."

소운이의 이 말 속에 회복탄력성의 모든 것이 담겨 있다. 실패를 끝이 아닌 시작으로, 위기가 아닌 기회로 바라보는 시각. 이것이 바로 부모가 아이에게 줄 수 있는 가장 소중한 선물이다.

오늘의 회복 한마디

"실패는 끝이 아니라 새로운 시작이야."

미래를 준비하는 능력 기르기

창의성, 공감능력, 문제해결력은 부모의 말 한마디에서 시작된다

쌍둥이의 기적적 변화

"나는 못해요."

이 말이 3세 윤서와 현서의 입버릇이었다. 신발 신기도 어려워하고, 엄마와 헤어지기를 무서워하며, 혼자 놀기조차 거부하는 쌍둥이들. 10년 만에 시험관 시술로 만난 아이들이었기에 부모의 두려움과 걱정은 더욱 컸다. 과잉보호의 정점을 달리며 아이들의 모든 것을 대신해주었다.

하지만 울음 많고 의욕 없는 아이들을 바라보며 부모는 깨달았다. 자신들이 달라져야 한다는 것을. 2년간의 유치원 부모교육 훈련을 받은 후, 아빠는 말투부터 바꿨다. "못해."라는 말 대신 "할 수 있어, 아빠가 먼저 해 볼게."라고 말하기 시작했다. 그리고 시간 날 때마다 걸기, 공놀이, 달리기, 축구, 수영, 배구, 농구, 골프, 탁구 등 움직이는 활동을 꾸준히 함께했다.

미국으로 건너간 후에도 이 패턴은 계속되었다. 중학교, 고등학교 과정에서도 아빠와의 운동은 공부보다 더 많은 시간을 차지했다. 그 결과는 놀라웠다. 고3이 된 지금, 두 아이는 공부와 운동 모두에서 친구들의 리더로 성장했으며, 미국 최고의 명문대학 지원을 앞두고 있다.

"나는 못해요."라던 아이들이 어떻게 미래 리더로 성장할 수 있었을까? 그 비밀은 부모가 바꾼 한마디, 그리고 그것이 아이들의 뇌에서 일으킨 변화에 있었다.

AI 시대, 아이의 뇌가 답이다

세계경제포럼이 발표한 '미래의 일자리 보고서 2025'에 따르면, 2030년까지 가장 중요한 역량은 다음과 같다.

- 분석적 사고Analytical thinking

- 회복탄력성, 유연성, 민첩성Resilience, flexibility and agility

- 리더십과 사회적 영향력Leadership and social influence

- 창의적 사고Creative thinking

- 동기와 자기인식Motivation and self-awareness

1. 창의적 사고: 새로운 연결을 만드는 힘

핵심 질문: "다른 방법은 없을까?"

뇌과학적 근거

창의성 연구에 따르면, 창의성이 높은 사람들은 하전두피질inferior frontal gyrus과 디폴트 모드 네트워크 간 연결성이 더 강하다. 디폴트 모드 네트워크는 뇌가 휴식 상태에 있을 때 활성화되는 뇌 네트워크로, 자기 성찰, 기억 처리, 미래 계획과 관련되어 있다.

윤서와 현서의 창의성 발달을 보면, 초기 상황에서 "나는 못해요." 만 반복하던 쌍둥이들에게 아빠는 새로운 접근을 시도했다.

아빠의 전략적 언어 변화

"못해." → "할 수 있어, 다른 방법으로 해 보자."

"어려워." → "새로운 방법을 찾아보자."

"무서워." → "함께 새로운 도전을 해 보자."

신발 신기를 어려워할 때도 "아빠가 다른 방법을 보여줄게. 먼저

 엄마의 말투가 바뀌면 아이 뇌는 기적이 일어난다

발목 체조부터 해 보자."라며 신발 신기를 게임처럼 만들었다. 운동에서도 "오늘은 축구공을 다른 방법으로 차보자."라며 다양한 접근을 시도하게 했다.

실천 대화법

"이 블록을 완전히 새로운 방식으로 쌓아볼까?"
"네가 만든 이야기에 다른 결말을 붙여볼래?"
"실패한 방법에서 배운 힌트가 뭐였지?"

2. 비판적 사고: 정보를 걸러내는 힘
핵심 질문: "정말 그럴까?"

뇌과학적 근거

비판적 사고 능력은 외측 전전두피질의 논리 회로 발달과 관련이 있다. 한국의 연구에 따르면, 초등학교 고학년 아동들도 어느 정도 정보의 신뢰성을 구분할 수 있으며, 이러한 능력은 지속적인 훈련을 통해 향상된다.

윤서와 현서의 경우, 미국에서 생활하면서 두 아이는 다양한 정보와 문화를 접하게 되었다. 아빠는 이때도 일관된 질문법을 사용했다.

아빠의 질문 패턴

"친구가 말한 게 정말 맞을까?"

"다른 방법으로도 확인해볼까?"

"우리가 직접 경험해본 것과 같은가?"

운동을 통해서도 비판적 사고를 길렀다. "코치가 알려준 방법이 최고일까? 다른 선수들은 어떻게 할까?"라며 다양한 접근법을 비교하고 검증하게 했다.

3. 협업: 함께 문제를 푸는 힘
핵심 질문: "함께하면 뭐가 좋아질까?"

뇌과학적 근거

협업 능력은 전대상피질과 거울뉴런 시스템의 발달과 관련이 있다. 막스플랑크 진화인류학 연구소의 연구에 따르면, 아동의 협업 능력은 1~2세에 공동 주의와 공동 목표 형성으로 시작되어, 3세경 규범적 차원으로 발전한다.

윤서와 현서의 경우, 쌍둥이라는 특성상 경쟁보다는 협력이 더 중요했다. 아빠는 이를 잘 활용했다.

 엄마의 말투가 바뀌면 아이 뇌는 기적이 일어난다

아빠의 협업 전략

- 역할 분담: "윤서는 패스를, 현서는 슛을 담당해보자."
- 상호 격려: "형(동생)이 도와줘서 더 잘할 수 있었구나."
- 공동 목표: "우리 둘이 함께 이 목표를 달성해보자."

운동에서 특히 이런 협업 능력이 빛났다. 배구에서는 한 명이 토스를, 다른 한 명이 스파이크를 담당하며 자연스럽게 팀워크를 학습했다.

4. 소통: 생각과 감정을 언어로 다루는 힘
핵심 질문: "네 마음을 말로 표현해줄래?"

뇌과학적 근거

감정 소통 능력은 하전두피질, 전섬상엽, 편도체의 통합적 활성화와 관련된다. 감정 표현 관찰과 모방을 통해 이들 영역이 발달하며, 이는 소통 능력 발달의 기초가 된다. 윤서와 현서는 초기에 울음으로만 의사표현을 했었다. 쌍둥이의 아빠는 감정 언어화를 꾸준히 도왔다.

아빠의 소통 전략

- 감정 라벨링: "지금 속상하구나." "기쁘구나." "걱정되는구나."

- 대안 제시: "울음 대신 말로 표현해볼까?"
- 모델링: "아빠도 처음에는 무서웠어. 하지만 말로 표현하니까 마음이 편해졌어."

운동 상황에서도 이를 적용했다. "골을 놓쳤을 때 어떤 기분이야?" "팀이 이겼을 때는 어떤 감정이지?"라며 다양한 상황에서 감정을 언어로 표현하도록 도왔다.

5. 공감·회복탄력성: 관계를 지키고 다시 일어나는 힘
핵심 질문: "실패해도 다시 해 볼 수 있어."

뇌과학적 근거

전대상피질의 '감정 거울뉴런'은 자신의 고통과 타인의 고통을 같은 방식으로 처리하여 공감의 신경학적 기초를 제공한다. 회복탄력성은 전전두피질과 편도체 간의 균형 있는 상호작용을 통해 발현된다.

"나는 못해요."에서 시작된 윤서, 현서의 변화 과정 중 가장 극적인 것이 바로 회복탄력성 부분이었다.

아빠의 회복탄력성 전략

- 실패 재정의: "못하는 게 아니라 아직 배우는 중이야."

- 과정 중심 인정: "결과보다 도전한 용기가 대단해."

- 미래 지향: "이번 경험으로 다음엔 더 잘할 수 있어."

처음 수영을 배울 때 물을 무서워하던 아이들에게 "물이 무서운 건 자연스러워. 아빠도 처음엔 그랬어. 하지만 우리는 조금씩 친해질 수 있어."라며 점진적 접근을 시도했다.

미래 역량 한눈에 보기

역량	핵심 질문	활성화되는 뇌 영역	윤서·현서 변화
창의성	"다른 방법은 없을까?"	전전두피질-디폴트 네트워크	스스로 새로운 방법 탐색
비판적 사고	"정말 그럴까?"	외측 전전두피질	정보를 검증하는 습관
협업	"함께하면 뭐가 좋을까?"	전대상피질, 거울뉴런	팀 스포츠 리더십 발휘
소통	"네 마음을 말해줄래?"	언어-감정 회로 통합	감정을 정확히 표현
공감	"그 입장이라면 어떨까?"	전대상피질, 전섬상엽	팀원들을 배려하는 모습
회복탄력성	"실패해도 다시"	편도체 안정화, 전전두피질	실패 후 빠른 재도전

하루 10분 '미래 뇌' 루틴

가정에서 바로 실천할 수 있는 10분 루틴은 다음과 같다.

- 아침(3분·창의성): "오늘 새롭게 해 볼 한 가지는?"

- 귀가 후(3분·비판적 사고): "오늘 사실인지 확인하고 싶은 건?"

- 저녁 식사(2분·협업): "오늘 함께해서 더 좋았던 순간?"

- 잠자리(2분·소통·공감): "오늘 마음을 색깔로 말한다면?"

부모 성찰 체크리스트

윤서와 현서 아빠의 체크리스트 점수 변화는 다음과 같다.

6가지 항목(각 5점 만점)

정답보다 열린 질문을 던졌는가?	점
근거와 반례를 묻게 했는가?	점
함께하는 언어를 사용했는가?	점
감정 언어화를 도왔는가?	점
실패를 데이터로 재프레임했는가?	점
하루 10분 루틴을 지켰는가?	점

점수 변화

- 부모교육 훈련 전: 평균 12점

- 훈련 6개월 후: 평균 23점

- 훈련 2년 후: 평균 28점

미래는 부모의 말투에서 자란다

10년 만의 시험관 아기로 태어나 부모의 과잉보호 속에서 "나는 못 해요."만 반복하던 쌍둥이들. 그들이 지금 미국에서 친구들의 리더가 되어 최고의 대학을 꿈꾸고 있다는 사실은 우리에게 다음과 같은 강력한 메시지를 전달한다.

"아이의 한계는 부모가 정하는 것이 아니라, 부모의 말투가 결정하는 것이다."

오늘의 회복 한마디

"새로운 생각을 해 본 네가 참 멋지다."

부모도 함께 성장하는 뇌과학 육아

“아이와 함께
부모의 뇌도 성장한다”

부모의 뇌도 변한다

**양육은 아이만 성장시키는 게 아니라
부모의 뇌도 성장시킨다**

인하의 호기심이 깨운 엄마의 뇌

"선생님, 왜 어른들 글씨는 알아볼 수 없이 꼬불꼬불해요?"

5세 인하의 갑작스러운 질문에 교실이 조용해졌다. 자신감 넘치는 목소리로 인하는 계속했다.

"나도 이제 5세가 되어서 글씨 다 알아. 우리 조금 있으면 초등학교 가니까 알아야 해. 친구들 글씨는 다 읽을 수 있고 같은 모양인데, 어른들 글씨는 꼬불꼬불해서 읽을 수가 없어요."

선생님은 웃으며 답했다. "우리 인하는 어른들 글씨가 꼬불꼬불하다고 생각했군요. 선생님 생각에는 어른들이 글씨를 많이 알아서 모양을 눕히거나 반듯하게 쓰지 않아도 다른 사람이 읽을 수 있다고 생각하시는 것 같아요."

"그런데 저는 어른이 쓴 글씨는 못 읽겠어요."

"네, 어른도 글씨는 '이렇게 쓰자' 하는 약속이니까 반듯한 모양으로 써야 하죠. 다음에 인하가 못 알아보는 글씨가 있을 때는 '다시 한번 반듯하게 써주세요'라고 부탁해보세요."

"엄마한테 이야기할게요."

이 일이 있은 후 놀라운 변화가 일어났다. 인하의 호기심 어린 관찰이 엄마에게도 전해지면서, 엄마 역시 일상에서 만나는 모든 것에 궁금증과 호기심을 갖게 되었다. 그 결과 기억력이 좋아진 듯한 느낌을 받게 되었다고 한다.

이는 단순한 우연이 아니다. 뇌가소성의 놀라운 힘이다.

아이와 함께, 부모 뇌도 다시 태어난다

우리는 늘 아이의 발달만을 묻는다. "얼마나 컸을까? 얼마나 잘할까?" 하지만 최신 뇌과학 연구가 밝힌 놀라운 진실이 있다. 양육은 부모의 뇌도 완전히 새로 배선한다는 것이다.

아기의 울음소리는 우리의 자기조절 회로를 훈련시키고, 아이의 끝없는 질문은 사고와 판단 회로를 깨우며, 아이의 눈물은 공감 회로를 더욱 섬세하게 만든다. 부모는 단순한 돌봄 제공자가 아니다. 아이와 함께 자신의 뇌를 다시 배우는 학습자다.

2024년 《네이처 뉴로사이언스》에 발표된 획기적인 연구가 이를 증명한다. 캘리포니아 대학교 연구진이 한 여성의 뇌를 임신 3주 전부터 출산 2년 후까지 총 26회 MRI 촬영한 결과, 임신과 출산이 뇌의 구조를 극적으로 변화시킨다는 사실을 발견했다.

인하 엄마의 경우처럼, 아이의 호기심이 부모의 뇌에 새로운 신경 경로를 만들어내는 것이다. 양육은 두 개의 뇌가 같은 박자로 성장하는 기적이다.

신경가소성의 새로운 발견

34살 수진 씨는 첫 아이를 낳은 후 이상한 변화를 느꼈다. "예전엔 TV 뉴스의 아동 사고 소식을 그냥 넘겼는데, 이제는 심장이 철렁 내려앉아요. 반대로 아이와 놀 때는 시간 가는 줄 모르고 집중하게 되더라고요."

이는 단순한 심리적 변화가 아니다. 최신 자기공명영상MRI 연구에 따르면, 임신과 출산은 뇌의 회색질과 백질 구조를 광범위하게 변화시킨다. 인하의 "왜 어른들 글씨는 꼬불꼬불해요?" 같은 질문을 받으면서 엄마의 뇌에도 놀라운 변화가 일어났다. 아이의 관찰력에 자극받아 엄마도 일상의 작은 것들에 호기심을 갖기 시작했다.

구체적 변화

- 지나치던 간판 글씨체에 관심을 갖게 됨

- 아이와 함께 "왜?"라고 묻는 습관 형성

- 새로운 것을 발견하고 기억하려는 의식적 노력

이런 변화는 뇌과학적으로 경험 유도성 신경가소성의 완벽한 사례다. 새로운 자극과 학습이 기존 신경 회로를 재조직하고 강화시킨 것이다. 뇌 변화에는 과학적 근거도 있다.

2024년 Pritschet 등의 연구 결과

- 회색질 부피: 임신 중 전반적으로 감소했다가 출산 후 부분적으로 회복

- 백질 미세구조: 임신 1-2분기에 증가했다가 출산 시점에 임신 전 수준으로 복귀

- 피질 두께: 임신 중 감소 후 장기간 지속되는 변화

어머니의 뇌 변화 (2016년 레이던대-바르셀로나자치대 연구)

- 사회인지와 관련된 뇌 영역의 회색질 부피가 임신 중 감소

- 이러한 변화는 아기와의 유대감 형성과 보호 능력 향상과 관련

- 변화는 출산 후 최소 2년간 지속

아버지의 뇌 변화

- 육아 참여도에 따라 시상하부, 편도체, 선조체 영역에서 구조적
  변화 관찰
- 공감과 보호 본능과 관련된 뇌 회로가 강화됨

37살 민준 아빠는 매일 퇴근 후 '3분 놀이 타이머'를 실천한다. 짧지만 매일 지속하는 이 시간이 업무 스트레스를 누그러뜨리고 보상 회로를 활성화시킨다.

아이와의 상호작용은 부모의 뇌에서 경험 유도성 신경가소성을 촉진하는데, 이는 새로운 언어를 배우거나 악기를 익힐 때와 같은 뇌 변화다.

인하 엄마의 경우도 마찬가지였다. 딸의 호기심에 자극받아 함께 "왜?"를 탐구하는 과정에서 해마의 새로운 기억 형성 회로가 활성화되었고, 이것이 전반적인 기억력 향상으로 이어진 것이다.

스트레스가 부모 뇌에 미치는 영향과 회복

양육 스트레스가 높아지면 시상하부-뇌하수체-부신축HPA axis이 활

성화되어 코르티솔이 분비된다. 만성적인 스트레스 노출은 전전두피질의 수상돌기 위축을 일으키고 편도체를 강화시켜, 사소한 일에도 과민반응을 보이게 만든다.

은정 엄마(36세)는 준비물을 잊을 때마다 폭발한 후 후회하기를 반복했다. "아이한테 소리 지르고 나면 '왜 이러지?' 싶어서 더 우울해져요."

뇌과학적으로 보면, 급성 스트레스는 전전두피질의 작업기억 기능을 손상시키면서 편도체와 같은 원시적 뇌 구조를 강화시킨다. 하지만 적절한 회복 루틴이 있으면 뇌는 다시 균형을 찾을 수 있다.

인하 엄마의 경우, 인하의 질문에 답하려고 노력하는 과정에서 예상치 못한 스트레스 해소 효과를 경험했다. "아이와 함께 궁금한 것을 찾아보는 시간이 오히려 마음을 편하게 해줘요. 일상의 작은 발견들이 스트레스를 잊게 해주더라고요."

이는 뇌과학적으로 주의 전환attention shifting과 인지적 참여cognitive engagement의 효과다. 새로운 학습과 탐구 활동이 스트레스 회로를 비활성화시키고 보상 회로를 활성화시킨 것이다.

연구에 따르면 만성 스트레스로 인한 뇌 변화는 대부분 가역적이다. 핵심은 "내가 망가졌다."가 아니라 "되돌릴 수 있다."라는 확신이다. 뇌의 신경가소성은 평생에 걸쳐 지속되기 때문이다.

부모 뇌 건강을 위한 6가지 과학적 루틴

1. 3-3-3 호흡법: 편도체 진정 스위치

- 아이가 울거나 예상치 못한 상황이 벌어질 때

- 들이마시기 3초 - 멈춤 3초 - 내쉬기 3초

- 뇌과학적 효과: 부교감신경 활성화로 편도체가 진정되고 전전두 피질이 재가동된다.

2. 감정 일기 3줄: 해마의 정리 시스템

- 매일 저녁 3줄만 쓴다.

- 오늘 힘들었던 장면 1가지

- 그때의 감정 1가지

- 배운 점 1가지

- 뇌과학적 효과: 해마가 혼란스러운 경험을 '정리된 기억'으로 저장하여 스트레스 내성을 키운다.

인하 엄마는 이를 변형하여 "아이와 함께 발견한 것 일기"를 쓰기 시작했다. "오늘 인하와 발견한 것, 느낀 점, 내일 함께 탐구할 것" 이렇게 3줄로 기록하니 기억력이 더욱 향상되었다.

3. 햇빛 10분+걷기 10분: 신경전달물질 충전

- 아침이나 오후 중 언제든 상관이 없다.

- 창문을 열거나 짧게 산책

- 움직이면서 햇빛 쬐기

- 뇌과학적 효과: 세로토닌과 도파민 증가, 코르티솔 감소로 기분
  이 안정화된다.

4. 자기 대화 문장 3개: 뇌의 해석 체계 바꾸기

포켓에 넣고 다닐 마법의 문장은 다음과 같다.

"나는 성장 중이다."

"잠시 멈추면 길이 보인다."

"아이와 나는 같은 팀이다."

- 뇌과학적 효과: 불안을 질문으로, 비난을 계획으로 전환시키는
  인지적 재구성이 일어난다. 인하 엄마는 여기에 "아이의 호기심
  이 나를 성장시킨다."라는 문장을 추가했다.

5. 감각 회복: 과각성 상태 진정

- 1분짜리 미니 루틴

- 좋아하는 플레이리스트 1곡

- 창문 열고 바깥 공기 마시기

- 손 마사지나 따뜻한 물로 세수

- 뇌과학적 효과: 알파파 증가와 과각성 감소로 마음의 평정을 되
  찾는다.

6. 사회적 연결 5분: 옥시토신 보호막

- 하루 5분이라도 다음을 실천한다.

- 동료 부모와 전화나 메시지

- 가족이나 친구와 안부 나누기

- 온라인 육아 커뮤니티에 소소한 일상 공유

- 뇌과학적 효과: 옥시토신 분비로 스트레스 완충 효과가 생기고
  나는 혼자가 아니라는 안정감을 얻는다.

현실 육아 현장의 변화 스토리

지연 엄마의 톤 변화 프로젝트

지연 씨(36세)는 아이가 준비물을 잊을 때마다 폭발했다. "왜 또 까먹었어!"라고 소리치고는 죄책감에 시달리기를 반복했다.

변화의 시작: 3-3-3 호흡법과 감정 일기를 2달간 실천했다.

- 결과: 8살 아들의 반응이 모든 걸 말해줬다. "엄마, 요즘은 화낼 때도 목소리가 덜 무서워."

부모의 톤이 바뀌면 집안의 기본 정서가 바뀐다.

민호 아빠의 3분 놀이 기적

민호 아빠(38세)는 퇴근 후 피곤해서 아이와 놀기가 부담스러웠다.

- 변화의 시작: '3분 놀이 타이머'를 도입했다. 길지 않지만 매일 지속했다.

- 뇌과학적 분석: 아이와 웃는 3분이 보상 회로를 동조시키며 업무 스트레스를 자연스럽게 해소시켰다.

길게 못하면 짧게, 그러나 매일이 핵심이다.

인하 엄마의 호기심 동조 현상

인하 엄마는 일상에 무덤덤하고 기계적인 생활 패턴을 가지고 있었는데, 노력 후 인하의 질문에 자극받아 함께 탐구하는 생활을 하게 됐다.

- 구체적 변화
  - 길거리 간판의 다양한 글씨체에 관심
  - 도서관에서 아이와 함께 궁금한 것 찾아보기

- 일상의 "왜?"에 민감하게 반응하기

• 결과: "기억력이 좋아진 것 같아요. 새로운 것들을 발견하고 기억하려고 의식적으로 노력하다 보니, 전반적으로 머리가 맑아진 느낌이에요."

• 뇌과학적 분석: 이는 인지적 예비력cognitive reserve 증가의 전형적 사례다. 새로운 학습과 탐구가 해마와 전전두피질 간의 연결을 강화하여 전반적인 인지 기능을 향상시킨 것이다.

은정 할머니의 세대 간 뇌 건강

은정 할머니(65세)는 손주와 그림책을 읽으며 "나도 다시 배우는 기분"이라고 말했다.

• 뇌과학적 효과: 세대 간 상호작용은 해마-전두엽 연결을 강화하여 인지 노화를 늦추는 것으로 나타났다. 돌봄은 세대 전체의 뇌 건강 프로젝트다.

위기 상황별 즉시 대응 스크립트

A. 폭발 직전 - 전전두피질 보호 모드

1. "잠깐, 엄마(아빠) 숨부터." (자기 선언)

2. "지금 너도 힘들고 나도 힘들다." (공감 동시 표명)

3. "3분 후에 다시 이야기하자." (시간 경계 설정)

- 뇌과학적 근거: 언어화는 편도체 활성을 감소시키고 전전두피질을 재활성화시킨다.

B. 죄책감 순환 - 회복 회로 가동

1. "오늘은 데이터 수집 날."

2. "잘한 1, 아쉬운 1, 내일의 1." (3줄 기록)

3. "완벽 말고 복구." (회복 선언)

- 뇌과학적 근거: 성장 마인드셋 언어는 뇌의 신경가소성을 활성화시키고 학습 모드로 전환시킨다.

C. 끝없는 재촉 루프 - 구조화된 선택권

1. "선택지 2개 제안할게."

2. "네가 고르고, 나는 시간만 지켜줄게."

3. "끝나면 함께 기분 좋게 정리."

- 뇌과학적 근거: 구조화된 말투는 부모의 전전두피질을 보호하고 아이의 편도체를 안정시킨다.

D. 인하식 호기심 대응법 (새로 추가)

아이의 갑작스러운 질문에 당황할 때

1. "와, 정말 좋은 질문이네!" (호기심 인정)

2. "엄마(아빠)도 궁금해졌어. 함께 알아볼까?" (공동 탐구 제안)

3. "우리가 발견한 걸 기록해두자." (학습 강화)

- 뇌과학적 효과: 아이의 호기심을 함께 탐구하는 과정에서 부모의 학습 회로가 재활성화되고, 이는 전반적인 인지 기능 향상으로 이어진다.

부모-아이 동시 회복 루틴 (5분 완성)

가족 마음 리셋 프로그램

1분: 함께 깊은 숨 3번 (배 위에 손 올리며)

1분: 감정 라벨링 ("지금 내 마음은 ___색깔")

1분: 서로에게 고마운 한 가지 말하기

1분: 다음 10분 계획 (작업 1개 or 놀이 1개 선택)

1분: 하이파이브+"우린 팀이야!"

- 뇌과학적 효과: 짧지만 관계-감정-실행 세 축을 동시에 안정화시켜 가족 전체의 스트레스 회로를 리셋한다.

인하 엄마는 위 루틴에 "오늘의 발견" 시간을 추가했다.

추가 2분: "오늘 우리가 함께 발견한 것은?"+"내일 탐구할 것은?"

이 작은 추가가 모녀의 학습 동기를 지속시키고, 엄마의 인지 기능 향상에 큰 도움이 되었다.

부모 뇌 성장 점검표

매일 저녁, 오늘의 나를 돌아보며 다음 체크리스트를 해 보자.

일일 체크리스트(5문항, 5점 척도)

화날 때 3초 멈춤을 했다.	점
내 감정을 한 단어로 이름 붙였다.	점
햇빛·걷기 등 신체 루틴을 했다.	점
아이와 3분 몰입 상호작용을 했다.	점
"나는 성장 중" 자기 대화를 했다.	점
인하 엄마 추가 항목 6. 아이의 호기심에 함께 참여했다.	점

점수별 가이드

- 21-25점 (인하 엄마는 26-30점): 루틴 마스터

뇌 건강 루틴이 견고하게 정착

다음 단계: 시간대별 미세 조정

- 15-20점: 성장 단계

좋은 방향으로 발전 중

개선점: 한 루틴부터 매일 완전 고정

- 14점 이하: 기초 구축

3초 멈춤+3분 놀이 두 가지만 이번 주 집중

변화는 작게 시작해서 크게 자란다.

흔들리는 포인트별 뇌과학적 해법

자책을 하게 될 때

- "또 소리 질렀다…" (자책 루프) → "지금 배운 건 경계가 필요하다는 것" → "다음엔 대화 전 타이머 3분 설정"
- 뇌과학적 설명: 자책은 편도체를 활성화시키지만, 학습 프레임은 전전두피질의 문제 해결 모드를 킨다.

틀에 박힌 사고를 할 때

- "나는 원래 성격이 급해." (고정 마인드셋) → "나는 조절을 학습 중"

(성장 마인드셋)

- 뇌과학적 설명: 성장 마인드셋은 실제로 뇌의 신경가소성을 촉진하여 변화를 가능케 한다.

시간이 부족하다고 느낄 때

- "시간이 없어." (시간 부족감) → "3분은 있다. 3분 놀이 or 3분 산책"
- 뇌과학적 설명: 작은 성공 경험이 도파민을 분비시켜 더 큰 변화의 동력이 된다.

고립감을 느낄 때

- "나만 힘들다." (고립감) → 오늘 전화 한 통으로 '같은 배' 확인하기
- 뇌과학적 설명: 사회적 지지는 옥시토신과 세로토닌을 증가시켜 천연 항우울제 역할을 한다.

무능함을 느낄 때

- "아이 질문에 답을 못하겠어." (무능감) → "함께 찾아보자. 나도 배우는 중이야."
- 뇌과학적 설명: 공동 학습은 사회적 보상 회로를 활성화시키며, 실패에 대한 부담을 줄여준다.

일상 반복 실천법

- 뇌과학적 근거: 뇌는 반복되는 작은 문장에 가장 강하게 배선된다. 일관된 자기 대화는 신경 경로를 재구성한다.

아침 선언 (거울 앞에서 30초)

"오늘의 목표는 평정 1회와 유머 1회"

저녁 회고 (잠들기 전 1분)

"오늘 나를 칭찬할 것 1가지"

"내일의 첫 10분, 이렇게 시작"

인하 엄마의 추가 실천법

아침: "오늘 인하와 함께 발견할 것은?"

저녁: "오늘 우리가 함께 배운 것은?"

과학적 근거와 최신 연구

임신과 모성 뇌 연구

Pritschet et al. (2024): 임신 중 뇌 변화를 26회 연속 MRI로 추적한 최

초 연구. 임신 3주 전부터 출산 2년 후까지 한 여성의 뇌를 정밀 추적하여 회색질 감소와 백질 증가 등 구조적 변화를 입증했다.

2016년 유럽 연구Nature Neuroscience: 25명의 초산모를 대상으로 한 연구에서 사회인지 관련 뇌 영역의 회색질 감소를 발견하고, 이것이 모성 행동과 관련됨을 확인했다.

부성 뇌 연구

육아에 적극 참여하는 아버지들에게서 시상하부, 편도체, 선조체 영역의 구조적 변화가 관찰된다. 이는 보호 본능과 공감 능력 향상과 관련이 있다.

스트레스와 뇌

만성 스트레스는 전전두피질 기능을 손상시키지만, 적절한 회복 루틴을 통해 이러한 변화는 대부분 가역적이다. HPA 축의 과활성화로 인한 뇌 변화는 신경가소성을 통해 복구 가능하다.

호기심과 학습의 뇌과학

호기심 상태에서는 해마의 기억 형성 능력이 향상되고, 보상 회로가 활성화되어 학습 효과가 극대화된다.

새로운 탐구와 학습은 인지적 예비력을 증가시켜 전반적인 뇌 기능을 향상시킨다.

인하 엄마의 사례에 적용해 보면, 인하의 호기심에 동조하면서 엄마가 경험한 기억력 향상은 '호기심 유발 학습curiosity-driven learning'의 전형적 사례다. 호기심 상태에서는 해마의 기억 형성 능력이 향상되고, 보상 회로가 활성화되어 학습 효과가 극대화된다.

포켓 요약 카드 (언제나 품속에)

5가지 핵심 원칙

- 멈춤이 먼저, 대화는 그다음
- 감정은 이름 붙일 때 작아진다
- 짧아도 매일이 길게 가는 길
- 완벽보다 복구, 비난보다 설계
- 아이와 나는 같은 팀

인하 엄마 추가 원칙

- 아이의 호기심이 나의 뇌를 깨운다

부모 뇌의 성장이 곧 부모의 행복

아이의 뇌가 성장하듯 부모의 뇌도 진화한다. 자기조절 능력은 더 단단해지고, 공감 회로는 더 깊어지며, 회복탄력성은 더 유연해진다.

인하 엄마의 경우처럼, 아이의 호기심에 함께 참여하면서 잃어버렸던 학습의 기쁨을 되찾을 수 있다. "왜 어른들 글씨는 꼬불꼬불해요?"라는 5세 아이의 질문이 35세 엄마의 뇌에 새로운 신경 경로를 만들어낸 것이다.

양육은 아이만 키우는 일이 아니다. 부모 자신을 다시 키우는 일이다. 행복은 완벽에서 오는 게 아니라 함께 성장하는 감각에서 온다.

"엄마, 오늘도 새로운 걸 발견했어요!"

인하의 이 말이 엄마에게는 매일의 뇌 운동이 되었다. 아이의 신선한 시각이 엄마의 굳어진 뇌 회로를 유연하게 만들었고, 함께 탐구하는 과정에서 기억력과 집중력이 향상되었다.

이는 부모와 아이가 서로의 뇌 발달에 기여하는 상호 뇌가소성 mutual neuroplasticity의 아름다운 사례다.

신경가소성이 주는 희망

최신 연구에 따르면, 부모가 되는 것은 뇌에 환경적 풍요화 environmental enrichment와 같은 효과를 주어 인지 건강에 보호 효과를 제공한다. 즉, 양육 경험 자체가 뇌 건강을 지키는 투자다.

갈등을 견뎌낸 순간, 전전두피질은 조금 더 강해진다. 눈물을 받아준 순간, 공감 회로는 조금 더 넓어진다. 실수를 인정하고 웃어넘긴 날, 회복탄력성은 한 겹 더 두꺼워진다.

그리고 인하 엄마처럼 아이의 호기심에 함께 참여한 순간, 학습 회로는 다시 활기를 되찾는다.

양육은 두 개의 뇌가 같은 박자로 자라나는 기적이다. 매일매일 우리는 아이에게 이렇게 속삭일 수 있다.

"아이와 함께 나도 배우고 있어."

이 한 문장에는 성장 마인드셋, 공동체 의식, 그리고 무엇보다 변화할 수 있다는 희망이 담겨 있다. 뇌과학이 증명한 것처럼, 부모의 뇌는 평생에 걸쳐 변화하고 성장할 수 있다.

인하는 이렇게 물었다.

"엄마, 우리 뇌도 매일 자라는 거예요?"

이 질문에 엄마는 확신을 갖고 답할 수 있게 되었다. "맞아, 인하야. 네가 새로운 걸 배울 때마다, 엄마도 함께 배우면서 우리 뇌가 모두 자라고 있어."

과학이 증명한 진실이다. 부모와 아이의 뇌는 서로를 성장시키며 함께 진화한다.

오늘부터 당신의 뇌도 새롭게 시작된다. 아이와 함께, 한 걸음씩.

훈육,
뇌과학으로 다시 생각하기

훈육은 사랑을 멈추는 것이 아니라, 사랑을 가르치는 일이다

지오의 변화, 3개월의 기적

누나 3명에 막내로 태어난 3세 지오는 모든 것이 자기 마음대로였다. 엄마, 아빠 말씀은 물론 누나들의 애기도 듣지 않는 막무가내 아들. 자기가 요구하는 것을 들어주지 않으면 고함을 지르며 울고, 마트에서도 바닥에 뒹굴며 떼를 쓰는 아이였다.

부모는 지친 마음으로 상담을 받으러 왔다. 나는 명확히 말했다.

"아이를 위해서 울어도 고함을 질러도 지오의 요구를 들어줄 수 없다는 애기만 간단히 해주고, 반응을 보이지 않는 차분한 무관심으로 행동하는 것이 진정한 훈육입니다."

부모는 그 방법을 일관되게 실천했다. 쉽지 않았다. 지오의 울음소리가 온 집안을 흔들어도, 마트에서 사람들의 시선이 따가워도 흔들리지 않았다.

약 3개월 후, 놀라운 변화가 일어났다.

지오는 순종과 자기 주장을 구분 짓는 행동을 보이기 시작했다. 무작정 떼를 쓰는 대신, 자신의 마음을 말로 표현하려고 노력했다. 안 된다는 말을 들어도 금방 받아들이고 다른 놀이를 찾았다.

부모는 깨달았다. "귀한 아이일수록 훈육이 절실하다"는 것을.

지오의 변화는 어떻게 가능했을까? 그 비밀은 뇌과학이 밝힌 진정한 훈육의 원리에 있었다.

훈육, 두려움이 아닌 사랑의 언어

오랫동안 훈육은 '통제'와 '체벌'의 그늘에 머물러 있었다. "말 안 들으면 혼난다."라는 협박과 "네가 잘못했으니까 벌 받는 거야."라는 처벌이 훈육의 전부인 것처럼 여겨져 왔다.

하지만 최신 뇌과학 연구는 알려주는 진실은 달랐다. 두려움은 잠깐의 복종을 만들지만, 학습과 자기조절 능력을 무너뜨린다는 것이다. 반대로 사랑이 담긴 훈육은 아이의 전전두피질을 깨우고, 편도체를 진정시키며, 공감과 문제해결 회로를 자라게 한다.

2021년 하버드대학교 연구에 따르면, 체벌을 받은 아이들은 비위협적인 표정에도 뇌가 과도하게 반응하며, 이는 심각한 학대를 받은 아이들과 유사한 뇌 패턴을 보인다고 한다.

지오의 경우처럼, 진정한 훈육은 아이의 요구를 무조건 들어주는 것도, 무작정 막는 것도 아니다. 명확한 경계 안에서 사랑을 가르치는 일이다. 훈육은 멈추게 하는 행위가 아니라 다시 시작하게 하는 힘이어야 한다.

체벌이 아이 뇌에 미치는 과학적 진실

8살 민수는 숙제를 안 해와서 엄마에게 심하게 꾸지람을 듣고 방에 혼자 있게 되었다. 겉으로는 조용해졌지만, 민수의 뇌에서는 어떤 일이 벌어지고 있을까?

최신 뇌영상 연구가 밝힌 체벌의 뇌과학적 영향

편도체 과흥분: 체벌을 경험한 아이들은 무서운 얼굴뿐 아니라 중립적인 얼굴에도 내측 및 외측 전전두피질, 등쪽 전대상피질에서 더 높은 활성을 보인다. 즉, 세상을 더 위험하게 인식하게 된다.

- 해마 위축 위험: 만성적인 스트레스는 기억을 담당하는 해마에 부정적 영향을 미쳐, "실수=상처"라는 왜곡된 학습이 저장된다.

     엄마의 말투가 바뀌면 아이 뇌는 기적이 일어난다

- 전전두피질 기능 저하: 체벌을 받은 성인들의 전전두피질 회색질 부피가 감소했다는 연구 결과처럼, 충동 조절과 판단 능력이 약화될 수 있다.
- 애착 회로 손상: 신뢰와 안정감이 무너지면서 조건부 순응만 증가한다.

지오의 마트 바닥 뒹굴기와 고함은 단순한 '버릇없음'이 아니었다. 3세 아이의 전전두피질은 아직 미성숙해서 충동 조절과 지연 만족을 어려워한다. 게다가 막내로서 받은 과도한 관심이 울면 원하는 걸 얻을 수 있다는 학습 회로를 강화시킨 것이다.

부모가 일관된 경계를 설정하지 않으면, 아이의 뇌는 혼란스러운 신호를 받게 된다. "언제는 되고 언제는 안 되고"의 불일치는 편도체를 계속 활성화시켜 더 큰 감정 폭발로 이어진다.

연구에 따르면, 체벌을 경험한 청소년들은 실수에 대해 과도하게 민감한 뇌 반응을 보이고, 보상에 대해서는 둔감한 반응을 보였다. 이는 불안과 우울의 뇌과학적 특징과 정확히 일치한다.

아이의 뇌에는 잘못이 무섭다가 아니라 "나는 사랑받을 가치가 없을지 몰라."라는 왜곡된 회로가 새겨진다. 겉으로 조용해진 대가로 내면의 호기심과 자기조절 능력이 줄어드는 것이다.

훈육은 '통제'가 아니라 '가르침'

'훈육Discipline'의 어원은 라틴어 'disciplina'로 '배우고 익히게 함'을 뜻한다. 훈육은 뇌 교육이다. 아이의 실수 순간, 부모의 한 문장은 단순한 지시가 아니라 신경망에 새 길을 내는 설계 언어다.

전문가인 내가, 지오 부모에게 제시한 방법은 뇌과학적으로 정확했다.

1. 명확한 메시지: "안 된다"는 것을 간단하고 일관되게 전달
2. 감정적 반응 없음: 부모의 편도체를 활성화시키지 않아 아이에게 안정감 제공
3. 일관된 경계: 언제, 어디서나 같은 기준 적용
4. 차분한 무관심: 떼쓰기라는 행동에 보상(관심)을 주지 않음

이는 소거 학습extinction learning의 원리다. 특정 행동이 더 이상 원하는 결과를 가져오지 않는다는 것을 뇌가 학습하게 하는 것이다.

전전두피질 발달 전문가 다니엘 시겔 박사는 말한다. 아이의 뇌가 혼란스러울 때는 위쪽 뇌(전전두피질)와 아래쪽 뇌(변연계)가 통합되어야 하며, 이는 연결을 통해서만 가능하다고 한다.

효과적인 훈육의 뇌과학적 원리

1. 안전감 확보: 편도체를 진정시켜 학습 모드 활성화

2. 연결 우선: 애착 시스템을 통한 신뢰 구축

3. 가르침 중심: 전전두피질 발달 촉진

4. 관계 회복: 옥시토신 시스템 강화

뇌 친화적 훈육 4단계: CALM 모델

단계 1: Calm (진정) - 편도체 안정화

아이의 감정이 폭발했을 때, 가장 먼저 해야 할 일은 뇌의 '화재경보기'인 편도체를 끄는 것이다.

- 잘못된 반응: "그만 울어! 왜 이러는 거야!"
- 뇌 친화적 반응: "많이 속상했구나. 엄마도 잠깐 숨 고를게. 준비되면 네 얘기 듣고 싶어."

- 지오 적용 사례: 지오가 마트에서 과자를 사달라며 바닥에 뒹굴 때, 엄마는 감정적으로 반응하지 않고 차분하게 "과자를 사고 싶었구나. 하지만 오늘은 안 돼."라고만 말했다.

- 뇌과학적 근거: 부모가 먼저 자신을 조절해야 아이의 공동조절 co-regulation이 가능하다. 진정한 음성과 침착한 태도가 아이의 편도체를 안정시킨다.

단계 2: Acknowledge (공감) - 감정 라벨링

정서 라벨링은 편도체를 식히고 전전두피질로 가는 통로를 연다.

- 잘못된 반응: "왜 또 그랬어? 매일 똑같네."
- 뇌 친화적 반응: "장난감을 빼앗겨서 화가 났구나. 속상하고 억울한 마음이야."

- 지오 적용 사례: "과자를 못 사서 속상하구나. 그 마음은 이해해. 그래도 오늘은 안 돼."
- 뇌과학적 효과: 감정에 이름을 붙이면 우뇌의 강렬한 감정이 좌뇌의 언어 영역으로 이동하면서 강도가 줄어든다.

단계 3: Learn (학습) - 문제해결 회로 활성화

해답을 주는 것이 아니라 질문을 통해 아이의 전전두피질을 작동시킨다.

- 해답 제시: "다음부턴 똑바로 해."

- 질문 유도: "다음에는 어떤 방법이 좋을까? 네가 고르면 더 오래 기억날 거야."

- 지오 적용 사례: 3개월 후 지오가 자기조절을 보이기 시작했을 때, "과자 대신 다른 간식을 집에서 먹을까? 아니면 내일 한 개만 사는 걸로 약속할까?"

단계 4: Mend (회복) - 관계 봉합

- 사랑의 마침표: "우린 여전히 한 팀이야. 다시 해볼 기회는 항상 있어."

- 지오 적용 사례: 훈육이 끝난 후 항상 "지오를 사랑해. 규칙은 지오를 지키기 위한 거야."라고 말해주었다.
- 뇌과학적 순서: 진정(편도체↓) → 공감(변연계 안정) → 학습(전전두피질↑) → 회복(옥시토신 회로 강화)

뇌 친화적 규칙 만들기

우리 집 3대 원칙 (간결하고 예측 가능하게)

아이의 뇌는 복잡한 규칙을 처리하기 어렵다. 핵심만 담은 간단한 원칙이 필요하다.

- 안전: 자신과 다른 사람을 다치게 하지 않기
- 존중: 나, 다른 사람, 물건 소중히 하기
- 책임: 내가 한 일은 내가 마무리하기

지오 가족의 특별 규칙

지오 가족은 더 구체적인 규칙을 만들었다.

- 떼쓰기는 작동하지 않아요: 울거나 고함쳐도 안 되는 건 안 돼
- 말로 표현해요: 원하는 것이 있으면 말로 요청하기
- 안 된다는 말을 들으면 받아들여요: 한 번 안 된다고 하면 그날 은 끝

 엄마의 말투가 바뀌면 아이 뇌는 기적이 일어난다

규칙을 '장치'로 만들기

- 시각적 규칙 보드: 글을 못 읽는 아이도 이해할 수 있는 그림 4단계

  하기 전 → 하는 중 → 끝나면 → 축하

- 선택권 카드: "지금 할까, 5분 후에 할까?" / "방법 A, 방법 B 중 어

  떤 게 좋을까?"

- 시간 경계 도구: 타이머나 모래시계로 시간을 '보이게' 만들기

- 뇌과학적 효과: 시각적 단서는 전전두피질의 계획 기능을 돕고,

  선택권은 자율성 욕구를 충족시켜 저항을 줄인다.

처벌 vs 논리적 결과: 학습을 돕는 결과 설계

처벌은 뇌를 망치고, 논리적 결과는 뇌를 키운다.

처벌의 특징

- 두려움과 수치심 유발

- 행동과 무관한 임의적 고통

- 회피와 숨김 행동 강화

논리적 결과의 특징

- 행동과 자연스럽게 연결

- 배움과 회복의 기회 제공
- 책임감과 문제해결 능력 발달

지오의 실제 상황별 적용

마트 떼쓰기 사례에서 처벌은 "집에 가서 방에 혼자 있어! 나쁜 짓 했으니까!"라는 말이다. 반대로 논리적 결과는 "떼를 쓰면 마트를 나갈 거예요. 조용히 하면 계속 쇼핑해요."라고 말하는 것이다.

처음 몇 번은 정말로 마트를 나갔다. 지오는 울며 저항했지만, 부모는 일관되게 행동했다. 3개월 후 지오는 마트에서 "안 돼."라는 말을 들으면 금방 받아들이게 되었다.

장난감을 던지는 일에도 "오늘 장난감 금지! 벌이야!"라고 말하면 처벌이 된다. 대신 "던져서 부서질 수 있어. 지금은 치우고, 저녁에 다시 조심해서 사용하는 연습을 해 보자."라고 말하면 논리적 결과를 알려주는 것이다.

핵심은 행동과 결과의 의미를 설명하고, 복구의 기회를 설계하는 것이다.

타임아웃 vs 타임인: 연결의 과학

다니엘 시겔 박사는 "뇌 스캔에서 관계적 고통(격리로 인한 고통)은 신체적 학대와 같은 양상으로 보인다."라고 경고한다. 이것이 타임아웃의 뇌과학적 문제점이다.

- 분리와 수치심: 편도체 과활성화
- 외로움과 불안: 애착 시스템 손상
- 저항과 분노: 반발심counterwill 유발

지오 부모가 적용한 방법은 타임아웃이 아니라 '차분한 무관심calm ignoring'이었다. 이는 다음과 같은 것이다.

- 아이를 격리시키지 않음
- 부모는 곁에 있지만 떼쓰기에 반응하지 않음
- 아이가 진정되면 즉시 관심과 사랑을 재개

타임인: 연결하며 조절하기

하버드 의과대학 연구에 따르면, 부모와의 따뜻하고 반응적인 상호작용을 통해 아이들이 더 나은 감정 조절 방법을 배운다고 한다.

- 실천 스크립트: "네 곁에 앉아 있을게. 숨을 세 번 천천히 쉬어보

자. 준비되면 손을 들어줘. 그다음 어떤 일인지 이야기해보자.”

연구에서 타임인을 적용한 부모들은 긍정적 양육 기법 사용이 현저히 증가했으며, 부정적 훈육 방법은 크게 감소했다.

발달 단계별 뇌 친화적 훈육 가이드

0~2세: 안전과 리듬의 시기

- 뇌 발달 특징: 기본적 신뢰감 형성, 감정 조절의 기초
- 훈육 포인트

  - 짧은 문장과 일관된 반복

  - “괜찮아, 엄마 여기 있어.”

  - 물리적 위험 상황에서만 단호한 “안 돼.”

3~5세: 감정 언어 학습의 시기 (지오 해당)

- 뇌 발달 특징: 전전두피질 기초 형성, 언어 폭발기
- 훈육 포인트

  - 감정 라벨링 → 선택권 2개 → 짧은 연습

  - “화가 났구나. 소리 지르기 vs 말로 하기, 어떤 게 좋을까?”

- 지오 적용 사례: "과자를 사고 싶어서 속상했구나. 그래도 울면

　안 사줘. 말로 하면 들어줄게."

6~9세: 논리적 사고 발달

- 뇌 발달 특징: 구체적 조작기, 규칙 이해 능력 향상

- 훈육 포인트

　- 질문 기반 규칙 만들기

　- 계획을 작은 단위로 나누기

　- 스스로 점검할 수 있는 체크리스트

10~12세: 자율성과 책임감

- 뇌 발달 특징: 추상적 사고 시작, 도덕적 추론 발달

- 훈육 포인트

　- 규칙을 함께 만들고 결과도 함께 설계

　- 실패에서 배우는 과정 중시

　- 가족 회의를 통한 민주적 결정

사례 A: 6세 준호, 손이 먼저 나가던 아이

- 문제 상황: 준호는 화가 나면 물건을 던지거나 친구를 밀곤 했다.

- 적용 방법: CALM 4단계를 꾸준히 사용

- 진정: "준호야, 많이 화났구나. 함께 세 번 숨쉬어보자."

- 공감: "친구가 네 작품을 건드려서 속상했구나."

- 학습: "다음엔 어떻게 하면 좋을까? 말로 하는 방법을 연습해볼까?"

- 회복: "실수는 괜찮아. 다시 시도할 수 있어."

- 3개월 후 변화: 준호의 첫 마디가 "다른 방법을 찾아야겠다."로 바뀌었다. 울음과 공격 대신 전환과 문제해결 회로가 활성화된 것이다.

사례 B: 8세 지유, 숙제 회피의 달인

- 문제 상황: "빨리 숙제해!"라고 하면 눈물, 시간 끌기, 화내기의 3단 콤보

- 적용 방법

  - "10분 집중 → 5분 충전" 리듬 만들기

- "끝나면 네가 고른 놀이 1개" 보상 예측성

  - 타이머 사용으로 시간을 시각화

• 뇌과학적 분석: 즉시성(10분), 분절화(작은 단위), 보상 예측성이 아직 미성숙한 전전두피질에 동력을 제공했다.

• 결과: 숙제 시간이 갈등의 시간에서 성취의 시간으로 바뀌었다.

사례 C: 지오의 완전한 변화 - 3개월의 기적

1개월째: 여전히 떼를 쓰지만 지속 시간이 짧아짐

2개월째: "안 돼."라는 말에 잠깐 울다가 금방 그침

3개월째: 순종과 자기 주장을 구분하기 시작

• 지오의 변화 과정

  - 마트 바닥 뒹굴기 30분 → '아, 안 되는구나. 하고 받아들임

  - 모든 요구에 떼쓰기 → "엄마, 이거 내일 사면 안 돼요?" 협상 시도

  - 누나들과 상시 갈등 → "누나, 나도 해 보고 싶어." 정중한 요청

• 뇌과학적 분석: 일관된 경계 설정이 지오의 전전두피질 발달을 촉진하고, 충동 조절 능력을 향상시켰다. 떼쓰기가 효과가 없다는 것을 학습한 뇌가 새로운 전략(말로 표현하기, 협상하기)을 개발한 것이다.

상황별 뇌 친화적 훈육 문장

- 폭발 시: "화가 많이 올라왔구나. 함께 세 번 숨쉬고, 마음을 말로 옮겨보자."
- 불안/회피 시: "처음엔 떨릴 수 있어. 천천히, 네 속도로 해도 괜찮아."
- 형제 갈등 시: "네 마음은 속상하구나. 동생 마음은 어땠을까? 둘 다 중요해."
- 규칙 위반 시: "이 행동은 위험해서 지금은 멈춰야 해. 안전한 방법을 함께 찾아보자."
- 마무리와 회복: "사랑은 변하지 않아. 다시 시도할 기회는 언제나 있어."

지오 상황별 특화 스크립트

- 떼쓰기 시작할 때: "지오야, 원하는 게 있구나. 하지만 울어도 안 되는 건 안 돼."
- 마트에서: "과자를 사고 싶었구나. 오늘은 안 돼. 집에서 간식 먹자."
- 받아들일 때: "지오가 말을 잘 들었네. 정말 자랑스러워."

- 형제 갈등 시: "누나 장난감을 쓰고 싶었구나. '빌려줘' 하고 말해

  보자."

뇌를 망치는 말 vs 뇌를 키우는 말

차단어(뇌 손상)	문제점	대체어(뇌 친화)	효과
"그만! 조용히 해!"	위협, 편도체 활성화	"잠깐 멈추자. 숨 세 번, 준비되면 말해줘."	자기조절 학습
"왜 항상 그래?"	정체성 공격, 학습무력감	"이번에는 뭐가 어려웠을까? 다음엔 어떻게 해 볼까?"	성장 마인드셋
"못하면 끝이야."	회피, 완벽주의 조장	"실수는 배움의 일부야. 다시 계획 세워보자."	회복 탄력성
"너 때문에 화났어."	책임 전가, 죄책감	"나는 지금 화가 나. 3분 후에 대화하자."	감정 책임

지오 가족의 언어 변화

- Before: "그래, 그래, 사줄게. 그만 울어." → After: "울어도 안 되

  는 건 안 돼."

- Before: "왜 또 이러니?" → After: "과자를 사고 싶었구나."

- Before: "다른 사람들이 다 봐." → After: "지오 마음은 이해해. 하

  지만 규칙은 지켜야 해."

부모 자기조절 90초 루틴

훈육의 성공은 부모의 뇌 상태에서 시작된다.

3단계 90초 루틴

- 30초: 호흡(3-3-3) - 들이마시기 3초, 멈춤 3초, 내쉬기 3초

- 30초: 자기 대화 - "우린 한 팀이다." / "이 순간도 지나간다." / "사랑으로 가르치자."

- 30초: 도구 준비 - 타이머 꺼내기, 선택지 카드 준비하기, 차분한 목소리 만들기

지오 부모의 실제 적용

지오가 마트에서 떼를 쓸 때마다 부모는 이 90초 루틴을 활용했다.

- 호흡: 먼저 깊게 숨을 고르며 자신의 편도체 진정

- 자기 대화: "지오를 사랑한다. 이 훈육은 지오를 위한 것이다."

- 준비: 차분하고 단호한 목소리로 "안 된다"고 말할 준비

- 뇌과학적 효과: 짧지만 부모 전전두피질 보호 → 아이 편도체 안정화의 황금 비율이다.

주간 리뷰(일요일 저녁 10분)

매주 가족이 함께 일주일을 돌아보는 시간으로 만들 수 있다.

- 이번 주 잘 통했던 방법 1가지

예) "화날 때 심호흡이 도움됐어." / "선택권 주니까 협조적이었어."

- 어려웠던 순간과 배운 점

예) "아침 시간에 여전히 힘들다." / "여유 시간을 더 확보해야겠다."

- 다음 주 조정할 점 1가지

예) 규칙 보드 위치 바꾸기 / 타임인 장소 새로 만들기

지오 가족의 3개월 기록

	1개월 차	2개월 차	3개월 차
잘 통한 것	마트에서 일관된 태도 유지	떼쓰는 시간이 현저히 줄어듦	지오가 스스로 감정 조절하기 시작
어려웠던 것	집에서는 아직 떼쓰기 지속	피곤할 때 일관성 유지 어려움	특별한 어려움 없음
다음 주 계획	집 안 규칙도 마트처럼 일관성 있게	부모 휴식 시간 확보	긍정적 행동 더 많이 인정해주기

4주간의 기록만으로도 집안의 기본 정서가 달라진다. 갈등 중심에서 성장 중심으로, 처벌 패턴에서 학습 패턴으로 변화하는 것을 확인할 수 있다.

늘 가까이 두고 참고할 5가지 골든 룰

1. 멈춤이 먼저, 설교는 나중

2. 감정에 이름 → 문제는 질문 → 끝은 회복

3. 규칙은 짧고, 장치는 보이게

4. 처벌 대신 논리적 결과+복구 기회

5. 사랑은 항상 문을 닫지 않는다

지오 부모 추가 원칙

6. 일관성이 기적을 만든다

훈육은 뇌 교육이다

체벌은 편도체와 해마를 위축시키지만, 사랑의 훈육은 전전두피질과 옥시토신 회로를 키운다. 훈육의 본질은 자기조절, 공감, 문제해결, 관계 회복을 가르치는 일이다.

지오의 변화가 이를 완벽하게 증명한다. 3세 아이가 3개월 만에 순

   엄마의 말투가 바뀌면 아이 뇌는 기적이 일어난다

종과 자기 주장을 구분하게 된 것은 부모의 일관된 사랑 때문이었다.

부모의 말투 하나가 훈육을 처벌로 만들지, 성장으로 바꿀지를 결정한다. 우리가 아이에게 보여주는 감정 조절의 모습이 아이 뇌에 그대로 복사된다.

"귀한 아이일수록 훈육이 절실하다."

지오 부모의 이 깨달음은 많은 부모들에게 중요한 메시지를 전달한다. 사랑한다고 모든 것을 허용하는 것이 진정한 사랑이 아니라는 것. 명확한 경계와 일관된 규칙이 오히려 아이에게 안전감을 주고 자기조절 능력을 기를 수 있게 한다는 것.

막내로 태어나 모든 것이 자기 마음대로였던 지오가 3개월 만에 '안 되는구나.'를 받아들이고, "내일 사면 안 돼요?"라고 협상하는 아이로 성장한 것은 부모의 흔들리지 않는 사랑과 일관성 덕분이었다.

뇌과학이 증명한 진실

- 연결이 먼저, 교정은 그다음
- 안전감이 있어야 학습이 일어남
- 관계가 깨지면 가르침도 닫힘
- 사랑할 때 뇌가 가장 잘 자람

지오의 사례는 이 모든 원칙이 실제로 어떻게 작동하는지 보여주는 생생한 증거다.

훈육은 사랑을 멈추는 시간이 아니라, 사랑을 배우는 시간이다.

한마디의 공감이 편도체의 불을 끄고, 한 개의 질문이 전전두피질의 창을 열며, 한 번의 포옹이 옥시토신으로 관계를 봉합한다. 진정한 훈육은 아이의 실수를 비난하는 것이 아니라, 성장의 기회로 바꾸는 것이다. 완벽한 부모가 되려 하지 말고, 함께 배우는 부모가 되어 보자.

지오처럼, 우리의 모든 아이들도 사랑의 경계 안에서 자기조절 능력을 기르고 성장할 수 있다.

가족 전체의
소통 문화 만들기

한 아이의 뇌는 온 가족의 말투 속에서 자란다

가족은 아이의 가장 큰 뇌 환경이다

아이는 혼자 자라지 않는다. 아이의 뇌는 부모의 말투, 형제의 농담, 조부모의 목소리, 친척의 질문 속에서 매일 성장한다.

최신 뇌과학 연구가 밝힌 놀라운 사실이 있다. 바로 '뇌 동조brain synchrony'다. 가족이 함께 눈을 맞추고 대화할 때, 각자의 뇌파가 서로 맞물리며 동조하는 현상이 일어난다. 하이퍼스캐닝hyperscanning 연구에 따르면, 부모와 아이가 협력적으로 상호작용할 때 전전두피질과 측두-두정 접합부에서 뇌파 동조 현상이 나타난다. 즉, 가족은 아이에게 첫 사회이자 가장 큰 뇌 발달 생태계다. 가족 구성원 각자의 목소리가 모여 아이 뇌의 교향곡을 만들어낸다.

가족 뇌 연결의 과학: 뇌 동조 현상의 발견

2024년 아동발달 전망지Child Development Perspectives에 발표된 리뷰 논문에 따르면, 16개의 최신 연구가 부모-아이 간 뇌 동조 현상을 확인했다. 연구진은 협력적 상황에서 경쟁적 상황보다, 낯선 사람보다는 부모와 함께할 때 더 강한 뇌 동조가 일어난다고 보고했다.

과학적으로 입증된 가족 뇌 연결

- 부모와 눈 맞춤: 전전두피질에서 뇌파 일치 현상 발생
- 형제 놀이: 거울뉴런 시스템의 동시 활성화
- 조부모의 이야기: 해마 자극을 통한 장기 기억과 정체성 강화
- 가족 대화: 언어 영역과 사회인지 네트워크의 공명

뇌 동조가 아이에게 미치는 영향

부모-아이 뇌 동조는 단순한 현상이 아니라 아이 발달에 실질적 영향을 미친다.

- 감정 조절: 부모의 침착한 뇌 상태가 아이의 편도체를 안정시킨다.
- 학습 능력: 동조된 뇌파는 정보 처리와 기억 형성을 촉진한다.

- 사회성 발달: 공동 주의와 마음 이론 발달의 기초를 제공한다.
- 언어 능력: 의사소통 시 뇌 동조가 언어 학습을 가속화한다.

형제자매와의 뇌 발달: 비교가 아닌 협력의 언어

형제자매는 아이가 처음 만나는 '작은 사회'다. 캠브리지 대학교 연구에 따르면, 형제 관계는 아이의 사회적 이해력 발달에 결정적 역할을 한다. 심지어 다툼이 있는 관계라 할지라도, 감정적으로 풍부한 언어 노출을 통해 아이의 마음 이론Theory of Mind 발달을 촉진한다고 한다.

또한 연구에 따르면, 아이들에게 협력적 놀이를 시킨 후 타인의 다양한 욕구를 이해하는 능력이 향상되는 반면, 경쟁적 놀이 후에는 그런 변화가 상대적으로 적었다.

경쟁을 유발하는 말

"누나처럼 해 봐." → 편도체 과자극, 질투와 불안 증가

"누가 더 잘하나 보자." → 스트레스 호르몬 분비, 관계 손상

협력을 촉진하는 말

"같이하면 더 재미있겠다." → 전대상피질 활성화, 공감 회로 강화

"둘이 팀이 되니까 더 멋져." → 사회적 보상 시스템 활성화

형제 관계 뇌 친화적 대화법

- 갈등 상황에서: "동생이 울고 있을 때, 형이 도와줄 수 있는 방법은 뭐가 있을까?"
- 협력 유도: "너희 둘 다 다른 장점이 있어서, 함께하면 더 멋진 일을 할 수 있어."
- 성취 인정: "형은 계획을 잘 세우고, 동생은 새로운 아이디어가 많네. 둘이 합치니까 완벽해!"

현장 사례: 블록 탑의 기적

7살 민재와 5살 동생은 늘 블록으로 다퉜다. 누가 더 높이 쌓나 경쟁을 시키던 엄마가 "둘이 힘을 합쳐서 우리 집보다 큰 성을 만들어볼까?"라고 말했다.

두 아이는 민재가 기초를 쌓고 동생이 장식을 담당하는 협업을 시작했다. 6개월 후, 이 아이들은 다른 상황에서도 자연스럽게 역할을 나누어 협력하는 모습을 보였다.

뇌과학적 분석: 협력적 상호작용이 전대상피질과 거울뉴런 시스템을 강화하여 평생의 사회적 기술로 발전했다.

조부모 효과: 안정과 정체성의 다리

2023년 발표된 다중 뇌 시뮬레이션 연구는 놀라운 결과를 보여줬다. 조부모-손자 간 상호작용에서 부모-아이 상호작용보다 더 높은 뇌간 결합inter-brain coupling이 나타날 수 있다는 것이다. 특히 3세대가 모두 참여하는 상황에서 이 효과가 더욱 두드러진다.

조부모의 특징적인 말투는 아이의 뇌에 독특한 울림을 남긴다.

- 느린 말 속도: 아이의 언어 처리 부담을 줄여 이해도 향상

- 반복적 패턴: 안정감을 주는 세로토닌 시스템 활성화

- 이야기 구조: 해마의 일화 기억 시스템 자극

- 따뜻한 톤: 옥시토신 분비를 통한 애착 강화

압박적인 조부모의 언어를 뇌과학적을 분석하면 다음과 같다.

"우리 땐 다 참았어, 너도 참아야지." → 스트레스 호르몬 증가, 세대 갈등

반면, 지혜를 나누는 조부모의 언어는 뇌과학적으로 아이에게 다음과 같은 영향을 준다.

"할아버지도 어릴 때 그런 기분이었어. 그런데 이렇게 해결했단다." → 정서적 안정감과 문제해결 모델 제공

실천 대화 예시

- 정체성 형성: "할머니는 네가 웃을 때가 세상에서 제일 좋아."
- 전통과 연결: "우리 가족은 예전부터 이런 놀이를 했단다. 같이 해 볼까?"
- 무조건적 사랑: "할아버지 눈에는 네가 항상 최고야."

현장 사례: 할머니의 자장가 효과

6살 은별이는 밤마다 불안해서 잠들지 못했다. 할머니가 "어릴 때 할머니도 무서워서 잠을 못 잤는데, 달빛 아래서 이런 노래를 불렀단 다."라며 자장가를 불러줬다.

3주 후 은별이는 스스로 그 노래를 흥얼거리며 잠드는 모습을 보였다.

- 뇌과학적 분석: 할머니의 이야기와 노래가 은별이의 세로토닌 안정 회로를 강화하고, 가족 정체성과 연결된 안정감을 형성했다.

확장가족의 뇌 네트워크: 사회성의 예행 연습

삼촌, 이모, 고모 등 확장가족은 아이에게 '안전한 사회 실험실'을 제공한다. 다양한 성인과의 상호작용을 통해 아이의 사회적 뇌 네트워크가 더욱 풍성해진다.

 엄마의 말투가 바뀌면 아이 뇌는 기적이 일어난다

확장가족 상호작용의 뇌과학적 효과

- 관점 수용 능력: 다양한 시각을 경험하며 측두-두정 접합부 발달

- 적응력 향상: 새로운 상황에 대한 전전두피질 유연성 증가

- 사회적 인지: 다른 사람의 마음을 읽는 능력 향상

- 의사소통 기술: 다양한 대화 상대에 맞는 소통 방식 학습

확장가족 뇌 친화적 대화법

- 위협적인 언어: "삼촌 말 안 들으면 혼난다." → 불안과 회피 반응
  유발

- 호기심을 자극하는 언어: "이모가 너한테 궁금한 게 있는데, 네
  생각을 듣고 싶어."

- 협력 유도: "고모랑 함께 만들기를 해 보면 어떨까? 너의 아이디
  어와 고모의 경험이 만나면 멋진 작품이 나올 것 같아."

가족 회의: 모든 뇌를 연결하는 민주적 공간

연구에 따르면, 정기적으로 가족 회의를 하는 아이들은 문제해결
력, 정서 안정성, 공감 능력이 현저히 높았다. 가족 회의는 단순한 집
안일 처리가 아니라 온 가족의 뇌를 동시에 단련하는 '집합적 뇌 훈련'
이다.

가족 회의가 뇌에 미치는 영향

- 전전두피질 강화: 계획 수립과 문제 해결 과정 참여

- 언어 중추 발달: 자신의 생각을 명확히 표현하는 연습

- 공감 회로 활성: 다른 가족의 관점을 이해하고 수용

- 민주적 사고: 합의와 타협을 통한 사회적 인지 발달

뇌 친화적 가족 회의 운영법

주 1회, 20분 가족 회의 루틴

- 1단계 돌아보기 (5분): "이번 주에 가장 기뻤던 순간은?"

  → 긍정 편향 강화, 행복 회로 활성화

- 2단계 문제 나누기 (5분): "조금 아쉬웠거나 불편했던 점은?"

  → 감정 언어화, 자기 표현 능력 향상

- 3단계 해결책 찾기 (7분): "다음주엔 어떻게 하면 더 좋을까?"

  → 창의적 사고, 협력적 문제 해결

- 4단계 감사 마무리 (3분): "오늘 회의에서 고마웠던 점은?"

  → 옥시토신 분비, 가족 유대감 강화

가족 회의 성공의 3대 원칙

- 비난 금지: 개인 공격 없이 행동에만 초점

- 감정 존중: 모든 가족의 감정을 인정하고 수용

- 해결 지향: 문제 지적보다는 해결책 찾기에 집중

현장 사례: 김 씨 가족의 변화

김 씨 가족(부모, 중2 아들, 초4 딸)은 매주 일요일 저녁 가족 회의를 시작했다. 처음에는 서먹하고 어색했지만, 3개월 후 놀라운 변화가 일어났다.

변화 전에는 각자 방에서 휴대폰만 했으며, 대화가 부족했고, 갈등도 잦았다. 하지만 가족 회의를 하면서 변화가 일어났다. 가족 간에 자연스러운 의견 교환을 할 수 있게 됐고, 협력적으로 문제를 해결하게 되었으며, 가족 유대감이 증가했다.

- 뇌과학적 분석: 정기적 가족 회의가 모든 구성원의 사회적 뇌 네트워크를 강화하고, 가족 전체의 감정 조절 능력을 향상시켰다.

가족 뇌 건강 체크리스트

매일 저녁, 가족의 뇌 연결 상태를 점검해보자.

오늘 우리 가족은… (5문항, 5점 척도)

형제 간에 비교 대신 협력 언어를 사용했는가?	점
조부모가 아이와 의미 있는 대화를 나눴는가?	점
확장가족과 긍정적 교류를 격려했는가?	점
온 가족이 함께 참여하는 시간을 가졌는가?	점
'우리는 팀'이라는 메시지를 전달했는가?	점

점수별 가이드

- 21-25점: 가족 뇌 네트워크 완성

  모든 구성원이 건강하게 연결됨

  다음 단계: 더 깊은 대화 주제로 확장

- 15-20점: 성장하는 가족

  좋은 방향으로 발전 중

  개선점: 한 영역에 더 집중하기

- 10-14점: 연결 시작 단계

  가족 회의부터 시작하기

  일주일에 2~3번 의식적 대화 늘리기

- 9점 이하: 연결 필요

  "우리는 팀이야"라는 메시지부터 시작

  전문가 도움 고려해보기

가족별 맞춤 뇌 연결 전략

1. 핵가족(부모+자녀)

- 강점 활용

  밀접한 관계를 통한 깊은 뇌 동조 가능

  빠른 의사소통과 즉각적 피드백

- 보완점

  다양성 부족을 외부 멘토나 모임으로 보완

  정기적인 확장가족과의 만남 계획

2. 확대가족(3세대 이상 함께)

- 강점 활용

  풍부한 관점과 경험 공유

  자연스러운 사회적 기술 학습

- 주의점

세대 간 양육관 차이로 인한 혼란 방지

일관된 핵심 가치 유지

3. 한부모 가족

- 강점 활용

  더 밀접한 유대감 형성 가능

  아이의 독립성과 책임감 발달

- 보완 전략

  멘토 어른이나 확장가족과의 정기적 만남

  또래 가족과의 네트워크 형성

디지털 시대의 가족 뇌 연결

코로나19를 겪으며 화상 통화가 일상화되었지만, 연구 결과 대면 상호작용과 동일한 뇌 동조 효과는 나타나지 않았다.

대면 vs 화상 뇌 동조 비교

- 대면: 우측 측두–측두 동조, 전두–전두 동조 모두 활발
- 화상: 제한적 연결, "줌 피로"의 뇌과학적 근거

그렇다면, 디지털 시대 가족의 뇌 건강은 어떻게 지킬 수 있을까?

디지털 디톡스 시간

- 식사 시간에는 모든 기기 OFF
- 잠자리 독서나 대화 시간 확보

의식적 연결 시간

- 하루 30분 '기기 없는 가족 시간'
- 주말 야외 활동으로 자연스러운 상호작용

온라인 도구의 긍정적 활용

- 멀리 있는 가족과의 정기적 화상 통화
- 가족 공동 프로젝트나 목표 앱 활용

특별한 상황별 가족 뇌 연결

1. 이혼/재혼 가족: 일관된 사랑의 메시지가 핵심

"가족 구성이 바뀌어도 너에 대한 사랑은 변하지 않아."

새로운 가족 구성원과의 점진적 유대 형성

2. 입양 가족: 애착 형성이 우선

생물학적 관계보다 지속적 돌봄이 뇌 연결의 핵심

"선택받은 아이"라는 특별함 강조

3. 조부모 양육 가족: 세대 건너뛰기 양육의 특별함

연구에 따르면 조부모-손자 뇌 연결이 부모-자녀보다 더 강할 수
있다.

다른 또래 부모 역할 모델과의 연결 필요

가족의 목소리가 곧 아이의 뇌

가족은 아이 뇌 발달의 집합적 교향곡이다.

- 형제의 언어 → 협력과 공감 회로 발달
- 조부모의 언어 → 안정감과 정체성 회로 강화
- 확장가족의 언어 → 사회성과 적응력 회로 확장
- 가족 회의 → 모든 구성원의 뇌를 연결하는 민주적 공명

최신 연구들이 공통으로 말하는 것은 다음과 같다.

 엄마의 말투가 바뀌면 아이 뇌는 기적이 일어난다

뇌과학이 증명한 가족의 힘

- 가족 간 뇌 동조는 실제로 존재한다.

- 협력적 상호작용이 경쟁보다 뇌 발달에 유리하다.

- 다세대 상호작용이 더 강한 뇌 연결을 만든다.

- 일관된 사랑의 메시지가 가장 중요하다.

평생의 뇌 지도를 함께 그리는 가족

한 아이를 키우려면 온 가족의 따뜻한 목소리가 필요하다. 가족은 아이 뇌의 공동 설계자다. 형제의 농담이 공감 능력을, 조부모의 추억담이 정체성을, 확장가족의 대화가 사회성을, 가족 회의가 민주적 사고를 키운다.

오늘의 대화가 내일의 뇌 지도가 된다. 우리 가족만의 따뜻한 교향곡을 만들어 가자.

> **오늘의 가족 메시지**
>
> **"우리 가족은 서로를 지켜주고 함께 성장하는 팀이다."**

교실에서의 뇌과학 기반 대화법

교사를 위한 뇌과학 대화법

교사의 목소리가 만드는 기적

"선생님, 저 수학 못해요."

초등학교 3학년 민지가 고개를 떨군 채 중얼거렸다. 담임 박 선생님은 잠시 멈춰 서서 민지의 눈높이에 맞춰 앉았다.

"민지야, 지금 뇌가 '어려워'라는 신호를 보내고 있구나. 그런데 어려운 문제를 만났을 때 뇌가 가장 많이 자란단다. 이 문제를 세 조각으로 나눠서 하나씩 해 볼까?"

10분 후, 민지는 환한 미소로 "선생님, 제가 해냈어요!"라고 외쳤다.

이 작은 변화의 비밀은 무엇일까? 바로 교사의 말투가 아이의 뇌를

'학습 가능한 상태'로 바꾼 것이다.

최근 뇌과학 연구는 놀라운 사실을 밝혀내고 있다. 교사가 사용하는 언어와 말투는 단순히 정보를 전달하는 도구가 아니라, 아이들의 뇌 구조와 기능을 실질적으로 변화시킬 수 있는 강력한 도구라는 것이다.

하버드 의대의 연구에 따르면, 아동기의 사회경제적 환경이 뇌 구조와 기능에 중대한 영향을 미친다고 한다. 연구진은 특히 양부모 가정과 높은 가구 소득이 백질 품질 유지에 있어 가장 강력한 완충 효과를 갖는 변수로 분석된다고 밝혔다. 이는 교육 환경과 교사의 역할이 아이들의 뇌 발달에 얼마나 중요한지를 보여준다.

반대로 카로자 박사는 "트라우마나 극단적인 빈곤만이 문제가 아니다."라며, "아이들이 겪는 반복적이고 누적된 일상의 스트레스 경험 자체가 서서히 뇌 구조를 바꿔놓을 수 있다."고 경고했다.

이 장은 바로 그 과학적 근거를 바탕으로, 교실에서 아이들의 뇌를 최적의 학습 상태로 이끄는 구체적인 대화법을 제시한다. 복잡한 뇌과학 이론을 교실 현장에서 바로 활용할 수 있는 실용적 도구로 변환했다.

교사의 말 한마디가 뇌를 바꾼다

뇌과학 연구는 지속적으로 언어와 환경이 뇌 발달에 미치는 영향을 입증하고 있다. 미국 UCLA의 심리학자 매튜 리버만Mathew Lieberman 교수는 연구를 통해 실험 참가자들이 부정적 감정을 단어로 표현할 때 편도체 반응이 감소하고 전전두엽 활동이 증가하는 것을 관찰했다.

이는 매우 중요한 발견이다. 감정을 적절하게 인식하고 표현하는 것만으로도 뇌에서의 반응이 달라지고, 감정을 조절하는 데 긍정적인 영향을 줄 수 있다는 것이다. 슬플 때 "지금 나는 슬프다.", 화가 날 때 "이건 화나는 감정이야."라고 이야기하는 것만으로도 감정 조절에 많은 도움이 된다.

교실 속 세 가지 핵심 뇌 영역

교사가 알아야 할 아이들의 뇌는 크게 세 영역으로 나눌 수 있다.

1. 전전두피질(PFC) - 학습의 CEO

- 역할: 계획, 집중, 자기조절
- 특징: 약 25세까지 활발하게 발달하다가 어른이 되어도 계속 성장한다.

- 교사의 영향: 구조화된 안내와 단계별 과제로 발달을 촉진한다.

실제로 경기도의 한 초등학교 이 선생님은 산만한 아이들에게 이렇게 말한다.

"지금부터 10분 동안 '집중 모드'로 들어가자. 타이머가 울리면 2분 휴식시간이야. 집중 모드에서는 연필 소리만 들려야 해."

이런 명확한 구조 제시는 아이들의 전전두피질을 활성화시켜 자기조절 능력을 기른다.

2. 전대상피질(ACC) - 공감과 관계의 다리

- 역할: 타인의 감정 이해, 갈등 상황 조율
- 특징: 사회적 상호작용을 통해 발달
- 교사의 영향: 감정 인정과 관점 전환 질문으로 성장 도움

서울의 박 선생님은 아이들 사이에 갈등이 생기면 이렇게 개입한다.

"준호야, 지금 네 마음을 색깔로 표현하면 어떤 색일까? 민수야, 준호의 마음 색깔을 보니까 네 마음은 어때?"

이런 감정 라벨링과 관점 전환은 아이들의 공감 능력을 기르고 사회성 발달을 돕는다.

3. 편도체 - 감정의 경보시스템

- 역할: 위험 감지, 감정 반응

- 특징: 위협을 느끼면 학습 기능 차단

- 교사의 영향: 안전한 환경 조성으로 학습 최적화

편도체는 대뇌의 변연계limbic system에 존재하는 아몬드 모양의 뇌 부위로, 감정을 조절하고, 공포 및 불안에 대한 학습 및 기억에 중요한 역할을 한다.

부산의 김 선생님은 아이가 실수했을 때 이렇게 반응한다.

"괜찮아, 실수는 뇌가 배우고 있다는 신호야. 다시 천천히 해 보자."

위협적이지 않은 이런 반응은 편도체를 진정시키고 학습에 집중할 수 있는 뇌 상태를 만든다.

뇌가소성과 언어

2000년 노벨 생리의학상을 수상한 에릭 칸델 박사의 연구에 따르면, 뇌는 평생에 걸쳐 변화할 수 있는 '뇌가소성'을 가지고 있다. 특히 기억을 담당하는 부위인 해마는 끊임없이 오래된 신경세포는 쇠퇴하고 새로운 신경세포가 생겨나는 등 굉장히 활발한 뇌가소성을 보인다.

특히 아동기에는 이 가소성이 매우 높아서, 교사의 언어 하나하나가 실제로 뇌의 신경 연결을 강화하거나 약화시킬 수 있다.

나이별 뇌 발달과 맞춤 대화법

1. 유아기(3~7세): 안전 기지가 되는 언어

핵심 원리: 감정 공동 조절(Co-regulation)

유아의 뇌는 아직 감정 조절 기능이 미완성 상태다. 이 시기에는 교사가 '외부 뇌' 역할을 해줘야 한다.

5세 태민이가 블록 탑이 무너지자 바닥에 드러누워 울기 시작했다. 새내기 선생님이라면 당황스럽겠지만, 경험 많은 조 선생님은 침착했다.

"태민아, 마음이 태풍처럼 휘몰아치고 있구나. 선생님이 옆에 앉을게. 함께 깊게 숨 쉬어보자. 하나, 둘, 셋…"

조 선생님은 태민이의 감정을 언어로 명명해주고, 함께 호흡하며 진정시켰다. 이것이 바로 공동 조절이다.

상황 1: 아침 등원 시 분리불안

잘못된 반응: "그만 울어. 다른 친구들 다 잘하고 있잖아."

올바른 반응: "엄마가 그리워서 마음이 텅 빈 것 같구나. 선생님이 엄마 올 때까지 마음을 따뜻하게 지켜줄게. 여기 작은 의자에 함께 1분만 앉아있자."

상황 2: 친구와의 장난감 갈등

잘못된 반응: "싸우지 마. 둘이 사이좋게 가져."

올바른 반응: "지우는 로봇이 갖고 싶고, 서연이도 로봇이 갖고 싶구나. 두 마음 다 이해해. 타이머로 3분씩 번갈아 가지면 어떨까?"

뇌과학적 해설: 편도체는 공포 및 불안에 대한 학습 및 기억에 중요한 역할을 한다. 유아의 편도체는 성인보다 더 민감하다. 교사의 차분한 목소리와 구체적인 해결책은 과활성화된 편도체를 진정시키고, 문제 해결을 담당하는 전전두피질의 발달을 돕는다.

2. 초등 저학년(7~9세): 실행 기능을 키우는 언어

핵심 원리: 과제 분절과 선택권 부여

이 시기의 뇌는 본격적으로 자기조절 능력을 기르기 시작한다. 교사의 역할은 아이 스스로 할 수 있도록 '비계'를 제공하는 것이다.

2학년 진호는 받아쓰기만 하면 "못해요."를 외치며 포기했다. 담임 선생님은 새로운 접근을 시도했다.

"진호야, 오늘은 10개 단어를 2개씩 나눠서 해 보자. 첫 2개를 쓰고 나면 스티커 하나, 다음 2개를 쓰면 또 스티커 하나. 그리고 틀려도 괜찮아. 뇌가 배우고 있는 증거거든."

상황 1: 수업 중 자리 이탈

잘못된 반응: "왜 자꾸 돌아다녀? 앉아!"

올바른 반응: "현우야, 몸이 움직이고 싶어하는구나. 뇌가 쉬고 싶다는 신호를 보내고 있어. 이 문제 하나만 더 하고 2분 뇌 휴식시간을 가질까?"

상황 2: 숙제를 안 해온 경우

잘못된 반응: "또 숙제 안 했어? 부모님께 전화드릴 거야."

올바른 반응: "숙제하기 어려웠구나. 어떤 부분이 가장 어려웠는지 말해볼래? 내일은 그 부분을 먼저 같이해 보자."

뇌과학적 해설: 배외측 전전두피질은 작업기억과 주의집중에 중요한 역할을 한다. 초등 저학년의 전전두피질은 아직 발달 중이다. 과제를 작은 단위로 나누면 인지 부하가 줄어들고, 성공 경험이 쌓이면

서 도파민(학습 동기를 높이는 신경전달물질)이 분비된다.

3. 초등 고학년(10~12세): 정체성을 세우는 언어

핵심 원리: 책임감과 복구의 기회

이 시기는 '나는 누구인가?'에 대한 질문이 시작되는 시기다. 교사의 언어는 아이의 정체성 형성에 직접적 영향을 미친다.

6학년 수빈이가 친구의 필통을 숨겼다. 화가 난 담임선생님이지만, 숨을 고르고 차근차근 접근했다.

"수빈아, 선생님도 화가 났지만 먼저 마음을 가라앉히고 이야기할게. 네 입장도 들어보자. 재미있을 거라고 생각했겠지만, 친구가 어떤 마음이었을까? 그리고 우리 반 분위기는 어떻게 됐을까?"

상황 1: 거짓말을 한 경우

잘못된 반응: "거짓말하면 안 되지. 정직해야 해."

올바른 반응: "진실을 말하기 어려웠구나. 용기를 내서 정직하게 말해줘서 고마워. 이제 어떻게 상황을 바로잡을 수 있을지 함께 생각해보자."

상황 2: 발표를 거부하는 경우

잘못된 반응: "발표는 꼭 해야 해. 성적에 들어간다고 했잖아."

올바른 반응: "발표할 때 떨리는 마음, 선생님도 이해해. 오늘은 첫 문장만 말하고 자리에 앉아도 돼. 내일은 두 문장, 모레는 세 문장. 네가 편한 속도로 늘려가자."

뇌과학적 해설: 사춘기를 앞둔 아이들의 뇌에서는 사회적 인정에 반응하는 영역이 특히 활발하다. 교사가 실수를 '복구의 기회'로 재구성해주면, 아이들은 자존감을 지키면서도 책임감을 기를 수 있다.

상황별 뇌과학 대화법

아이들 사이에 갈등이 생겼을 때, 교사의 개입 방식에 따라 뇌의 반응이 완전히 달라진다. 이런 갈등 상황에서는 4단계 복구 대화법을 활용하면 된다.

1단계: 감정 진정(편도체 안정) "선생님도 깜짝 놀랐어. 먼저 모두 깊게 숨을 쉬고 마음을 가라앉혀보자."

2단계: 감정 인정(전대상피질 활성) "민준이는 억울하고, 성호는 화가 났구나. 두 마음 다 이해해."

3단계: 문제 해결(전전두피질 활성) "이제 어떻게 하면 서로 기분 좋게 지낼 수 있을까?"

4단계: 관계 회복(옥시토신 분비 촉진) "두 사람이 문제를 해결하려고 노력하는 모습이 멋있어. 내일도 좋은 친구가 될 거라고 믿어."

실제 사례

충남의 한 초등학교에서 4학년 두 아이가 축구공 때문에 다퉜다. 담임 선생님은 위 4단계를 적용했다.

"두 사람 다 화가 많이 났구나. 선생님과 함께 1, 2, 3 숨쉬기를 해 보자. (1단계) 수영이는 먼저 차고 싶었고, 준석이는 약속했다고 생각했구나. (2단계) 축구공 하나로 둘 다 즐겁게 할 방법이 있을까? (3단계) 와, 10분씩 번갈아 차기로 했구나. 문제를 지혜롭게 해결했네! (4단계)"

담임 선생님의 대화법 덕분에 결과적으로 두 아이는 더욱 가까워졌다.

학습 부진: 성장 마인드셋 언어법

스탠퍼드 대학의 캐럴 드웩 교수 연구에 따르면, 교사의 피드백 방식이 아이의 학습 동기를 좌우한다.

고정 마인드셋을 기르는 언어 (피해야 할 것)

"너는 수학을 잘해."

"역시 똑똑하네."

"천재구나."

성장 마인드셋을 기르는 언어 (권장)

"이 문제를 푸느라 많이 노력했구나."

"처음보다 실력이 늘었어."

"실수에서 배우고 있구나."

실제 사례

수학을 어려워하는 3학년 지민이에게 선생님은 이렇게 말했다.

"지민아, 지난주와 비교해보니까 곱셈구구를 2개 더 외웠네. 뇌가 점점 강해지고 있어. 오늘은 7단을 연습해볼까? 틀려도 괜찮아. 틀릴 때마다 뇌가 더 튼튼해지거든."

문제 행동도 '나쁜 아이'의 증거가 아닌 '뇌 발달 과정'으로 재구성하면, 아이도 교사도 다르게 반응할 수 있다.

- 전통적 접근: "왜 또 떠들어? 조용히 해!"

- 뇌친화적 접근: "지금 뇌가 에너지가 넘치는구나. 그 에너지를 어떻게 좋은 방향으로 쓸까?"

실제 사례

ADHD 성향의 5학년 민수가 수업 중 계속 말을 할 때, 선생님은 이렇게 접근했다.

"민수야, 뇌에 말하고 싶은 생각들이 가득하구나. 그 좋은 생각들을 노트에 먼저 적어두고, 발표 시간에 나눠줄래? 뇌가 정리되면 더 좋은 의견이 나올 거야."

교사의 뇌도 함께 자란다

이탈리아 파르마 대학의 리촐라티 교수가 발견한 거울뉴런은 상대방의 행동과 감정을 자신의 뇌에서 재현하는 신경세포다. 교실에서는 교사와 학생 간에 끊임없이 거울뉴런이 작동한다.

아이가 기뻐하면 교사도 기쁨을 느끼고, 아이가 좌절하면 교사도 함께 안타까워한다. 이 과정에서 교사의 뇌도 더욱 섬세하고 풍부해진다.

교사 뇌 발달의 3단계

1단계: 반응 조절력(전전두피질 강화) - 처음에는 아이의 문제 행동에 즉각 반응했던 교사가, 경험을 쌓으면서 3초간 멈추고 생각한 후 반응하게 된다. 이것이 전전두피질의 성장이다.

2단계: 감정 이해력(전대상피질 확장) - 아이의 행동 이면에 있는 감정과 욕구를 읽어내는 능력이 향상된다. '저 아이가 왜 저럴까?'에서 '저 아이는 지금 이런 마음이구나.'로 변화한다.

3단계: 전문적 자존감(도파민 보상 회로 강화) - "내 말투가 아이의 뇌를 바꾼다"는 확신이 생기면서, 교사로서의 효능감과 자존감이 높아진다.

교사의 뇌가 건강해야 아이들의 뇌도 건강하게 자랄 수 있다. 교사를 위한 뇌과학적 자기 돌봄법을 제시한다.

1. 스트레스 관리
복식 호흡: 4초 들이마시기 - 4초 참기 - 6초 내쉬기
감사 일지: 하루 3가지 좋았던 일 적기 (해마와 전전두피질 활성화)

2. 회복 루틴
마이크로 휴식: 50분 수업 후 10분은 온전히 쉬기

자연 노출: 점심시간 5분이라도 하늘 보기 (스트레스 호르몬 감소)

3. 성장 마인드셋

실수 재구성: "오늘도 배웠다." (실수를 학습 기회로 전환)

동료 지지: 같은 학년 교사와 경험 나누기 (옥시토신 분비)

상황별 대화 스크립트

1. 유아교육 현장

• 아이가 울 때

- 기본: "마음이 아프구나(감정 인정). 선생님이 여기 있어(안전 제공).

  함께 천천히 숨쉬어보자(공동 조절)."

- 심화: "눈물이 마음의 말을 대신하고 있구나. 선생님이 네 마음을

  지켜줄게."

• 친구 갈등

- 기본: "둘 다 화가 났구나. 각자의 마음을 들어보자."

- 심화: "○○는 △△하고 싶었고, □□는 ◇◇하고 싶었구나. 둘

  다 좋은 생각이야."

   엄마의 말투가 바뀌면 아이 뇌는 기적이 일어난다

2. 초등 저학년

• 집중력 부족

- 기본: "뇌가 휴식을 원하고 있구나. 도전 과제 하나만 더 하고 2분 뇌 휴식을 가져보자."

- 심화: "지금 뇌의 집중 전력이 30%인 것 같아. 100%로 만들려면 어떻게 할까?"

• 학습 실패

- 기본: "틀렸다는 건 뇌가 새로운 것을 배우고 있다는 신호야."

- 심화: "실수는 뇌가 보내는 '더 배우고 싶다'는 메시지야. 뇌의 신호를 고마워하자."

3. 초등 고학년

• 규칙 위반

- 기본: "선생님도 화가 났지만, 먼저 숨을 고르고 이야기할게. 네 입장도 들어보자."

- 심화: "이 행동이 너에게 어떤 의미였는지 궁금해. 그리고 반 전체에는 어떤 영향을 줬을까?"

• 발표 거부

- 기본: "떨리는 마음, 누구나 다 있어. 오늘은 한 문장만 말해도 충분해."

- 심화: "용기는 두려워하지 않는 게 아니라, 두려워도 한 걸음 나아가는 거야."

일일 체크리스트: 뇌친화적 교실 만들기

• 아침 체크 (9:00)

□ 아이들과 눈맞춤 하며 미소로 안전 신호를 보냈는가?

□ 오늘의 학습 목표를 뇌친화적 언어로 제시했는가?

• 수업 중 체크 (실시간)

□ 지시사항을 3단계 이하로 단순화했는가?

□ 아이의 감정을 먼저 인정하고 문제를 다뤘는가?

• 오후 체크 (15:00)

□ 갈등 상황에서 4단계 복구 과정을 거쳤는가?

□ 실수를 학습 기회로 재구성해줬는가?

• 마무리 체크 (17:00)

☐ 하루 중 아이들의 성장 포인트를 찾아 피드백했는가?

☐ 나 자신의 성장도 인정하는 한 문장을 건넸는가?

부모와의 협력: 일관된 뇌친화적 환경 만들기

아이의 뇌는 일관된 환경에서 최적으로 발달한다. 가정과 학교가 서로 다른 언어를 사용하면 아이는 혼란을 겪고, 이는 스트레스 호르몬인 코르티솔 분비를 증가시킨다.

따라서 학교에서는 부모 상담 시 이렇게 설명할 수 있다.

"○○이의 행동을 뇌 발달 관점에서 보면, 지금 전전두피질이 활발하게 발달하는 시기입니다. 집에서도 '안 돼'보다는 '이렇게 해 보면 어떨까?'로 말씀해주시면, 아이의 자기조절 능력이 더 빨리 자랄 수 있습니다."

상황별 가정-학교 일관 대화법

• 아이가 화날 때

• 학교: "속상했구나. 선생님이 곁에 있어."

• 가정: "화가 많이 났구나. 엄마/아빠가 옆에 있을게."

• 핵심: 감정 인정+안전 제공

새로운 도전을 앞두고 불안해할 때

- 학교: "새로운 활동은 누구나 떨려. 천천히 해 보자."

- 가정: "처음 하는 일은 당연히 떨려. 우리 함께해 보자."

- 핵심: 불안 정상화+지지 메시지

친구와 갈등이 생겼을 때

- 학교: "네 행동이 반 전체에 준 영향을 생각해보자."

- 가정: "친구 마음이 어땠을까? 어떻게 하면 다시 친해질 수 있을까?"

- 핵심: 관점 확장+관계 회복 방법 모색

부모 교육 프로그램: 뇌친화적 가정 만들기

1단계: 뇌과학 기초 이해

아이 뇌 발달의 3단계 (감정뇌→학습뇌→사회뇌)

부모 언어가 뇌에 미치는 실제 영향

훈육과 처벌의 뇌과학적 차이

2단계: 실전 대화법 연습

역할극을 통한 상황별 대화 연습

 엄마의 말투가 바뀌면 아이 뇌는 기적이 일어난다

가정 내 '뇌친화적 규칙' 만들기

형제자매 갈등 시 중재 방법

3단계: 지속가능한 환경 구축

가족 회의에서 뇌과학 언어 활용

부모 자신의 감정 조절 기법

아이와 함께하는 뇌 건강 활동

특별한 도움이 필요한 아이들을 위한 뇌과학 대화법

1. ADHD 성향 아이들: 에너지 재방향 언어

ADHD 아이들의 뇌는 도파민(집중력과 관련된 신경전달물질) 분비가 일반 아이들과 다르다. 이를 이해하고 접근해야 한다.

전통적 접근의 문제점: "집중해!", "가만히 있어!" → 뇌의 특성을 무시한 요구

뇌친화적 접근: "에너지가 가득한 뇌구나. 이 에너지를 어떻게 좋은 곳에 쓸까?"

실제 사례

4학년 건우는 수업 중 자리에서 일어나 교실을 돌아다녔다. 담임 선생님은 이렇게 접근했다.

"건우야, 몸이 움직이고 싶어하는구나. 뇌가 '활동하고 싶다'고 신호를 보내고 있어. 그럼 이렇게 해 보자. 15분 집중하고 나면 교실 뒤쪽에서 2분 동안 스트레칭할 수 있어. 어때?"

결과적으로 건우의 수업 참여도가 크게 향상됐다.

2. 자폐 스펙트럼 아이들: 예측 가능성과 구조화 언어

자폐 스펙트럼 아이들의 뇌는 예측 불가능한 상황에서 과도한 스트레스를 받는다. 구조화되고 예측 가능한 언어가 필요하다.

핵심 원칙

단순하고 구체적인 언어 사용

시각적 단서와 함께 설명

변화 상황 미리 예고

감각적 특성 고려

실전 대화법

일과 변경 시: "지현아, 오늘은 특별한 날이야. 3교시 음악 시간 대신 체육을 해. 음악실 → 체육관으로 바뀐 거야. 5분 후에 함께 체육관에 가자."

과제 제시 시: "수학 문제 10개가 있어. 2개씩 나누어서 해 보자. 첫 번째 2개 → 스티커 1개, 두 번째 2개 → 스티커 1개…"

3. 학습 부진 아이들: 성공 경험 쌓기 언어

학습 부진 아이들은 반복된 실패로 인해 학습된 무력감에 빠져 있다. 작은 성공 경험을 쌓아주는 언어가 필요하다. 성공 경험은 도파민을 분비시켜 학습 동기를 높이고, 자기효능감을 기른다.

실전 접근법

과제 난이도 조절: "민아, 이 문제는 네게 딱 맞는 수준이야. 70% 알고 있고, 30%만 새로 배우면 돼."

진보 인정하기: "지난주와 비교하면 글씨가 훨씬 또렷해졌네. 손가락 근육이 강해지고 있어."

노력 과정 칭찬: "답이 틀렸지만, 문제를 끝까지 풀려고 노력한 게 보여. 그 노력이 뇌를 키우고 있어."

디지털 시대의 뇌친화적 교실

스마트폰과 태블릿이 일상화된 현재, 아이들의 뇌는 이전 세대와 다르게 발달하고 있다. 짧은 집중 시간, 즉각적 만족 추구, 멀티태스킹 선호 등이 그 특징이다.

디지털 네이티브 뇌의 특성

빠른 정보 처리 능력 ↑

깊은 사고 집중력 ↓

시각적 자극 선호 ↑

순차적 사고 능력 ↓

디지털 환경에 맞는 대화법은 따로 있다.

주의 환기 전략: "여러분의 뇌가 지금 여러 가지를 동시에 생각하고 있죠? 잠깐, 뇌를 '학습 모드'로 바꿔보세요. 3, 2, 1, 집중!"

정보 제시 방식 변경: "오늘 배울 내용은 다음과 같다…"(기존) → "3분 후 여러분이 '와!' 할 놀라운 사실을 알려드릴게요." (개선)

즉각적 피드백 제공: "방금 그 질문, 뇌가 깨어나는 소리가 들려요. 더 궁금한 게 생겼나요?"

   엄마의 말투가 바뀌면 아이 뇌는 기적이 일어난다

디지털 디톡스를 위한 아날로그 소통법을 활용할 수도 있다.

오감 활용 수업: "이 종이의 질감을 손끝으로 느껴보세요."(촉각) / "이 향기가 어떤 기억을 떠올리게 하나요?"(후각) / "교실의 모든 소리에 귀 기울여보세요."(청각)

슬로우 리딩과 깊은 대화: "이 문단을 천천히 3번 읽어보세요. 매번 다른 느낌이 들 거예요."

손글씨의 뇌과학적 효과 활용: "타이핑과 손글씨는 뇌의 다른 부분을 사용합니다. 오늘은 손글씨로 생각을 정리해봅시다."

교사 번아웃 예방: 뇌과학적 자기 돌봄

교사의 뇌는 하루에 수백 번의 의사결정을 내려야 한다. 30명의 아이들의 감정 상태를 동시에 모니터링하고, 각각에게 적절한 반응을 해야 한다. 이는 뇌에 엄청난 피로를 축적시킨다.

의사결정 피로(Decision Fatigue)의 뇌과학

전전두피질의 과부하로 인한 판단력 저하

오후가 될수록 감정 조절 능력 감소

스트레스 호르몬(코르티솔) 누적

교사를 위한 뇌 회복 전략

1. 인지적 회복

마이크로 명상: 수업 간 3분 호흡 집중

감각 리셋: 찬물에 손목 담그기, 창밖 먼 곳 응시

인지 부하 줄이기: 수업 루틴 자동화

2. 감정적 회복

감정 일지: 하루 3가지 감정과 그 이유 기록

긍정 편향 훈련: 잘한 일 3가지 의도적으로 찾기

동료 지지: 같은 경험을 하는 동료와의 정서적 공유

3. 신체적 회복

교실 내 스트레칭: 팔 돌리기, 목 풀기 (아이들과 함께)

걷기 명상: 복도 걸을 때 의도적으로 천천히

바른 자세: 어깨 펴고 미소 짓기 (세로토닌 분비 촉진)

지속가능한 교직 생활을 위한 마인드셋

1. 성장 마인드셋 적용

"완벽한 수업"에서 "성장하는 수업"으로

"모든 아이를 만족시키기"에서 "최선을 다하기"로

"실수 없는 교사"에서 "배우는 교사"로

2. 경계선 설정

업무 시간과 휴식 시간의 명확한 구분

"도움을 주고 싶음"과 "모든 책임을 져야 함"의 구분

자신의 감정과 아이들의 감정 구분

미래 교육과 뇌친화적 대화법

인공지능 시대의 교사 역할은 이전과 달라져야 한다. ChatGPT와 같은 AI가 정보 전달자 역할을 대신하는 시대에, 교사의 핵심 역할은 '인간의 뇌를 키우는 것'이 될 것이다.

AI가 할 수 없는 교사의 고유 역할

감정 공명과 공감

개별적 뇌 특성 파악과 맞춤 대응

인간관계 속에서의 성장 경험 제공

창의적 사고와 비판적 사고 자극

뇌과학 연구의 최신 동향과 교육 적용

뉴로피드백 기술: 실시간으로 뇌파를 측정하여 학습 상태를 확인하는 기술이 교실에 도입될 예정이다. 교사는 아이의 뇌 상태에 따라 더욱 정확한 개입을 할 수 있게 될 것이다.

개인화된 뇌 기반 교육: 각 아이의 뇌 특성에 맞는 학습법을 제공하는 것이 가능해질 것이다. 교사는 이런 데이터를 해석하고 적용하는 전문가 역할을 하게 된다.

준비해야 할 미래 역량

1. 뇌과학 리터러시

기본적인 뇌 구조와 기능 이해

발달 단계별 뇌 특성 파악 능력

뇌과학 연구 결과의 교육적 적용 능력

2. 테크놀로지 활용 능력

뇌과학 기반 교육 도구 활용

데이터 해석과 교육적 의사결정

디지털과 아날로그의 균형 잡힌 활용

3. 메타인지 교육 능력

아이들이 자신의 학습 과정을 이해하도록 돕기

"어떻게 배우는지"를 가르치는 능력

평생학습자로서의 마인드셋 기르기

교사의 언어는 미래를 만든다

최근 한 연구팀이 흥미로운 실험을 했다. 20년 전 초등학교를 졸업한 성인들에게 당시 담임선생님이 했던 말 중 기억나는 것을 물었다.

놀랍게도 대부분이 긍정적인 말보다 부정적인 말을 더 선명하게 기억했다. "너는 수학을 못해." "또 실수했네." "다른 애들은 다 하는데."와 같은 말들이 20년이 지난 후에도 그들의 뇌에 깊이 각인되어 있었다.

반대로 "실수해도 괜찮아." "천천히 해도 돼." "네가 노력하는 모습이 보여."라는 말을 들었던 사람들은 현재도 새로운 도전을 두려워하지 않는 성향을 보였다.

이것이 바로 교사 언어의 힘이다. 한 순간의 말이 한 아이의 평생을 좌우할 수 있다.

작은 변화가 큰 차이를 만든다. 이 장에서 제시한 방법들은 거창한 것이 아니다.

"안 돼." 대신 "이렇게 해 보면 어떨까?"
"왜 또 그래?" 대신 "어떤 마음이었을까?"
"틀렸어." 대신 "뇌가 배우고 있구나."

이런 작은 변화가 아이들의 뇌에, 그리고 교사의 뇌에 놀라운 변화를 만들어낸다.

내일 교실에 들어서면서 이렇게 말해보자.

"여러분, 오늘도 우리 뇌가 새로운 것을 배울 준비가 되어있나요? 실수해도 괜찮아요. 실수할 때마다 뇌가 더 똑똑해지거든요."

그리고 아이가 어려워할 때는 이렇게 말해보자.

"지금 뇌가 열심히 일하고 있구나. 선생님이 함께할게."

이런 말 한마디가 그 아이의 뇌에 새로운 신경 연결을 만들고, 자존감을 키우며, 학습 동기를 불러일으킨다.

이 모든 것을 실천하면서 가장 중요한 것은 교사 자신을 돌보는 것이다. 아이들에게 따뜻한 말을 건네면서, 자신에게도 따뜻한 말을 건네주기 바란다.

"오늘도 아이들의 뇌를 키우기 위해 애썼구나." "완벽하지 않아도 괜찮아. 노력하는 것만으로도 충분해." "내 말 한마디가 아이들의 미래를 만들고 있어."

교사의 뇌가 건강해야 아이들의 뇌도 건강하게 자랄 수 있다.

이 장을 덮고 나서, 하루에 한 가지씩이라도 실천해보자. 한 달 후에는 분명 교실의 분위기가, 아이들의 표정이, 그리고 교사 자신의 마음이 달라져 있을 것이다.

아이들의 뇌는 무한한 가능성을 가지고 있다. 그 가능성을 여는 열쇠는 바로 교사의 따뜻하고 지혜로운 말 한마디에 있다.

오늘도, 내일도, 교사의 목소리가 아이들의 뇌에 희망의 길을 내어주기를…

오늘의 가족 메시지

"지금 뇌가 열심히 일하고 있구나. 선생님이 함께할게."

부모의 목소리가
아이의 미래가 된다

사랑이 말 속에 흐르는 시간

2025년 어느 봄날, 내게 한 통의 따뜻한 메시지가 왔다.

"선생님, 기억하실까요? 약 30년 전 꽃잎반 김수현입니다. 지금 저도 두 아이의 엄마가 되었어요. 아이가 울 때면 자연스럽게 선생님이 저에게 해주셨던 말이 나와요. '마음이 아프구나, 엄마가 여기 있어.' 그 말을 들으며 자란 제가 이제 같은 말로 제 아이를 키우고 있어요. 선생님의 목소리가 저를 통해 다시 흘러가고 있어요."

그 순간 가슴 깊은 곳에서 무언가가 울렸다. 말은 사라지지 않는다는 것을. 한 사람의 따뜻한 목소리가 다른 사람의 마음에 스며들어 평생을 함께하며, 다시 새로운 생명에게 고스란히 전해진다는 것을.

AI가 모든 정보를 대신하는 세상이 왔다. 하지만 여전히 대체할 수 없는 것이 있다. 바로 사랑하는 사람의 따뜻한 목소리, 진심이 담긴 한마디, 그리고 그 속에서 피어나는 마음의 울림이다.

아이의 뇌는 매일 우리의 목소리 속에서 자란다. "괜찮아, 다시 해 보자."라는 격려는 용기의 뿌리를 내리고, "네 마음을 이해해."라는 공감은 따뜻함의 씨앗을 심는다.

작은 관찰이 꽃피운 기적: 민혁이 이야기

오랜 세월 교육 여정에서 나는 수많은 소중한 순간들을 만났다. 그 중에서도 가장 가슴 벅찬 성장을 보여준 아이가 있었다. 바로 민혁이다.

엄마와 민혁이는 모두 세상을 조심스럽게 바라보는 성향이었다. 분당유치원까지 먼 거리였지만, 3세부터 매일 대중교통으로 등하원을 했다. 처음에는 불안해하던 작은 민혁이였지만, 매일의 여행이 아이를 조금씩 변화시켰다.

"엄마, 오늘은 저기 나무 위에 새가 있어요." "오늘은 가방 든 아저씨들이 버스를 많이 탔어요."

민혁이는 창밖을 바라보며 발견한 작은 것들을 엄마에게 들려주었다. 그리고 엄마는 그 모든 이야기에 진심으로 귀를 기울였다.

그러던 어느 비 오는 날, 4세가 된 민혁이가 놀라운 말을 했다.

"엄마, 오늘은 빨리 서둘러야 해요." "비 오는 날에는 차가 많이 막히고 복잡해요." "늦지 않게 유치원 가려면 다른 날보다 20분 더 먼저 버스 타야 해요."

그 순간 나는 전율했다. 4세 아이가 날씨와 교통량, 시간을 종합적으로 분석하여 스스로 결론을 내린 것이었다. 이는 단순한 관찰이 아니라, 여러 변수를 통합적으로 사고한 결과였다.

마음이 키운 뇌의 기적

민혁이의 변화는 뇌과학적으로도 놀라운 의미를 갖는다. 하버드 의대의 연구에 따르면, 아동기의 사회경제적 환경과 부모의 반응이 뇌 발달에 중대한 영향을 미친다고 한다.

매일 버스에서 민혁이가 발견한 작은 것들에 엄마가 "정말 그렇네, 민혁이가 잘 봤구나."라고 반응해준 것. 그 따뜻한 인정이 아이의 뇌에 "내 생각이 소중하다"는 신경 회로를 만들어낸 것이다.

만약 엄마가 "조용히 해, 어른들 말 끼어들지 마."라고 했다면? 민혁이의 뇌는 관찰을 멈추고 호기심의 문을 닫았을 것이다. 하지만 엄마는 아이의 작은 발견에도 진심으로 놀라고 기뻐해주었다.

또한 부모는 민혁이의 주도적 성장을 위해 방학마다 다른 나라로 여행을 떠났다. 영어를 못하는 어린 민혁이에게 호텔에서 음식을 주문하고, 길을 묻고, 필요한 것을 구입하게 하는 작은 미션들을 주었다.

처음에는 두려워하던 민혁이였지만, 부모는 결과보다는 시도 자체를 격려했다. "못해도 괜찮아, 용기 내서 해 보는 것만으로도 충분해."

이런 경험들이 쌓이면서 민혁이의 뇌에는 "어려운 상황도 해결할 수 있다"는 자신감이 뿌리내렸다. 연구에서 말하는 '적응적 스트레스'의 완벽한 사례였다. 적절한 도전이 회복탄력성을 키우고, 주도성을 기르는 것이다.

민사고를 졸업하고 현재 대학생인 민혁이는 이제 어떤 모습일까. 그는 영화와 소설 속 장소를 찾아다니며 작품과 현실을 연결하는 독특한 여행을 한다고 한다.

알베르 카뮈의 『이방인』을 읽고 소설 속 프랑스 카페를 찾아가 메르소의 심정을 상상해본다는 소식이 민혁이 엄마로부터 전해졌을 때, 나는 가슴이 벅찼다.

3세 때 버스에서 "나무 위에 새가 있어요."라고 말하던 그 아이가, 이제는 문학과 현실을 자유롭게 넘나들며 세상을 탐구하고 있었다. 어린 시절의 관찰력이 상상력으로, 호기심이 창의성으로 꽃피운 것이다.

민혁이의 부모는 내게 이렇게 말했다. "유치원 시절에 흡수한 환경과 반복 경험이 오늘의 민혁이를 만들었다고 생각해요."

뇌과학 연구에 따르면, 뇌 발달에는 '결정적 시기'가 있다고 한다.

에릭 레너버그 교수의 연구에서 보듯이, 언어 습득의 결정적 시기는 2세부터 사춘기까지이며, 이 시기에 적절한 자극이 주어지지 않으면 특정 능력의 발달이 어려워진다.

3~7세는 관찰력과 언어 능력, 사회적 인지가 폭발적으로 발달하는 때다. 민혁이가 이 소중한 시기에 경험한 따뜻한 인정과 다양한 자극들이 그의 뇌에 평생 지속될 신경 네트워크를 만들어낸 것이다. 매일의 작은 관심이 쌓여 인생을 바꾼 기적이었다.

마음에서 마음으로 흐르는 강물

뇌과학 연구는 놀라운 사실을 밝혀냈다. 따뜻하고 격려적인 말을 자주 들은 아이들의 뇌에서는 학습과 자기조절을 담당하는 전전두피질이 더욱 활발하게 발달한다는 것이다.

반대로 비판과 위협의 말을 들은 아이들은 스트레스를 담당하는 편도체가 비대해져 있었다. 더욱 놀라운 것은 이런 변화가 매우 빠른 시간 내에 일어난다는 점이었다.

즉, 오늘 우리가 아이에게 건네는 한마디가 아이의 뇌를 실제로 바꾸고 있다는 뜻이다. 말은 그저 공기의 떨림이 아니라, 뇌를 조각하는 따뜻한 손길이었다.

더욱 감동적인 발견은 이것이었다. 아이에게 "화가 났구나."라고 감정을 인정해주는 순간, 부모의 뇌에서도 공감을 담당하는 전대상 피질이 활성화된다는 것이다. 아이를 키우는 것은 함께 자라는 여정이었다.

AI 시대에도 변하지 않는 것

ChatGPT가 모든 질문에 답하는 시대가 왔다. 하지만 AI는 정보를 전달할 수 있어도, 사랑을 전달할 수는 없다. 알고리즘은 정답을 줄 수 있어도, 실패했을 때 따뜻하게 안아줄 수는 없다.

민혁이가 "비가 올 때는 일찍 출발해야 해요."라고 말할 수 있었던 것은 단순히 정보를 습득해서가 아니었다. 엄마가 그의 작은 관찰을 소중히 여기고, 진심으로 들어주었기 때문이었다.

그 따뜻한 관심이 아이의 호기심을 키우고, 사고력을 기르며, 결국 주도적인 사람으로 성장하게 한 것이다.

오늘부터 시작하는 작은 변화

이 책을 읽는 모든 부모와 교사에게 말하고 싶다. 완벽한 말을 해야 한다는 부담을 갖지 말라고. 중요한 것은 진심이다.

"미안해, 엄마도 처음이야."라고 솔직하게 말하는 것도 아이에게는 소중한 배움이 된다. 어른도 실수하고, 배우며, 성장한다는 것을 보여주는 것이기 때문이다.

작은 변화부터 시작해보자.

"안 돼" 대신 "이렇게 하면 어떨까?"

"왜 못해?" 대신 "어려운 부분이 어디야?"

"다른 애들은 다 하는데" 대신 "네 속도로 천천히 하자."

그리고 민혁이 엄마처럼, 아이의 작은 발견에도 진심으로 관심을 보여주자.

"새가 있었구나. 어떤 색깔이었어?"

"아저씨들이 많았구나. 출근하시는 분들인가 봐."

"민혁이가 관찰을 정말 잘하는구나."

이런 작은 관심이 아이의 뇌에 "내 생각이 소중하다"는 뿌리를 내린다.

자신에게도 따뜻한 말을

아이에게 따뜻한 말을 건네면서, 우리는 왜 자신에게는 그렇게 하지 못할까? 부모도 교사도 모두 누군가의 소중한 자녀이며, 매일 최선을 다하는 사람이다.

하루를 마무리하며 자신에게도 이렇게 말해보자. "오늘도 아이를 사랑하느라 애썼구나." "완벽하지 않아도 괜찮아. 마음으로 한 일이야." "내일은 더 따뜻하게 할 수 있을 거야."

민혁이 엄마도 처음에는 불안했다. 작은 아이와 매일 버스를 타는 것이 걱정스러웠다. 하지만 아이를 믿고, 작은 성장을 인정해주며 함께 걸어갔다.

우리의 마음이 건강해야 아이들의 마음도 건강하게 자랄 수 있다.

희망이 흐르는 미래

AI가 발달할수록 인간다움이 더욱 소중해진다. 그리고 그 인간다움은 바로 우리의 목소리, 우리의 마음에서 시작된다.

오늘 당신이 아이에게 건네는 따뜻한 한마디가 그 아이의 평생을 바꿀 수 있다. 당신의 진심 어린 목소리가 다음 세대에게 사랑의 유산이 된다.

민혁이가 3~4세 때 보여준 놀라운 통찰력은 하루아침에 생긴 것이 아니었다. 매일매일 엄마가 그의 작은 관찰을 소중히 여기고, 호기심을 키워준 결과였다.

지금 그가 프랑스 카페에서 카뮈의 소설을 읽으며 문학과 현실을 연결하는 것도, 어린 시절부터 세상을 주체적으로 탐구하는 힘을 길렀기 때문이다.

마음의 강물이 흘러가는 곳

교실에서, 집에서, 오늘도 우리의 목소리가 아이들의 마음에 희망의 씨앗을 심고 있다. 그 씨앗들이 자라 언젠가는 더 따뜻한 세상을 만드는 큰 나무가 될 것이다.

부모의 목소리가 아이의 미래가 되고, 교사의 말이 세상의 내일이 된다. 이것이 바로 우리가 가진 가장 소중하고 아름다운 힘이다.

김수현이 30년 후 자신의 아이에게 전해준 말처럼, 민혁이가 세상을 바라보는 따뜻한 시선처럼, 사랑은 말 속에서 흘러가며 대를 이어 전해진다.

세상을 바꾸는 작은 목소리

민혁이의 이야기는 우리에게 깊은 감동을 준다. 3~4세 아이의 작은 관찰을 진지하게 받아들이고, 그 호기심을 소중히 키워준 결과가 지금의 성장으로 이어졌다는 것이다. 그는 단순히 공부 잘하는 아이가 아니라, 세상을 주체적으로 탐구하고 문학과 현실을 연결하는 감성 있는 사람으로 자랐다. 이 모든 것의 시작은 부모의 따뜻한 관심이었다.

나는 오랜 세월 교육 현장에서 수많은 아이들을 만나며 확신하게 되었다. 모든 아이는 저마다의 고유한 빛을 가지고 있다는 것을. 그리고 그 빛을 밝혀주는 것은 바로 우리의 따뜻한 목소리라는 것을.

"당신의 목소리는 오늘 누군가의 마음에 따뜻함을 심고, 내일 더 아름다운 세상을 만드는 사랑의 씨앗이 된다."

오늘도 아이의 작은 목소리에 귀 기울여보자. 그 속에서 무한한 가능성을 발견할 수 있을 것이다. 민혁이처럼, 우리의 모든 아이들도 각자의 방식으로 세상을 관찰하고 탐구하며, 자신만의 아름다운 이야기를 써나가고 있다.

그들의 작은 발견을 소중히 여기고, 호기심을 키워주는 것. 그것이 바로 세상을 더 따뜻하게 만드는 우리의 사명이다.

A. 발달단계별 뇌 특성과 대화법 요약표

연령	주요 뇌 발달 특성	핵심 대화 원리	주요 스크립트
3~5세	감정뇌 발달기, 편도체 민감, 전전두피질 미성숙	감정 공동조절, 안전 기지 제공, 단순명료한 지시	"마음이 아프구나." "선생님이 여기 있어." "함께해 보자."
6~8세	실행기능 발달 시작, 학습뇌 깨어남, 사회성 싹트기	과제 분절화, 선택권 제공, 성공 경험 쌓기	"작게 나누면 할 수 있어." "뇌가 배우고 있구나." "천천히 해도 괜찮아."
9~12세	사회뇌 발달, 정체성 형성, 책임감 발달	복구 기회 제공, 관점 확장, 자기 결정 존중	"네 선택이 결과를 만들었구나." "친구 마음은 어땠을까?" "다시 해 볼 수 있어."

B. 상황별 4단계 대화법 매뉴얼

1단계: STOP (멈춤)

교사 자신의 감정 확인

3초간 호흡 고르기

아이의 뇌 상태 파악

2단계: FEEL (감정 인정)

아이의 감정 라벨링

공감 메시지 전달

안전감 제공

3단계: THINK (사고 활성화)

문제 상황 객관화

해결책 함께 모색

선택권 제공

4단계: DO (실행과 회복)

구체적 행동 계획

관계 회복 과정

성장 메시지 전달

C. 교사 자기점검 체크리스트

주간 점검표

□ 이번 주 나는 아이들과 몇 번 눈을 맞췄는가?

□ 부정적 피드백보다 긍정적 피드백을 더 많이 했는가?

□ 아이의 감정을 먼저 인정하고 행동을 다뤘는가?

□ 내 자신에게도 따뜻한 말을 건넸는가?

□ 실수를 학습 기회로 재구성해줬는가?

월간 점검표

□ 아이들의 변화를 구체적으로 관찰하고 기록했는가?

□ 동료 교사와 뇌친화적 대화법을 공유했는가?

□ 부모와의 상담에서 뇌과학적 접근을 활용했는가?

□ 나 자신의 뇌 건강을 위한 활동을 했는가?

□ 새로운 뇌과학 정보를 학습했는가?

"한 교사의 말투는 한 아이의 뇌를, 한 교실의 문화를, 한 세대의 미래를 바꾼다."

1. 전두엽(Prefrontal Cortex, PFC) — 아이의 실행 본부

계획, 집중, 자기조절, 문제해결을 담당하는 뇌의 사령탑이다. 만 6~7세부터 급격히 성장하며 청소년기까지 발달한다.

TIP "천천히 해 보자."라는 말투가 전두엽의 조절 회로를 강화한다.

2. 뇌가소성(Neuroplasticity) — 경험이 뇌를 바꾼다

뇌는 경험에 따라 시냅스 연결을 새롭게 만들고 강화한다. 유아기는 시냅스 폭발기, 초등은 가지치기 시기다.

TIP 같은 말을 반복하면 뇌에 새로운 회로가 각인된다.

3. 미엘린(Myelin) — 속도를 붙여주는 절연체

신경을 감싸는 미엘린은 반복 훈련으로 두꺼워져, 신호 전달 속도를 높인다. 읽기, 쓰기, 운동, 악기 훈련에 결정적이다.

TIP "매일 조금씩"이 뇌 발달의 황금법칙이다.

4. 편도체(Amygdala) — 감정의 경보 장치

두려움과 불안을 빠르게 감지한다. 유아기에 특히 민감하며, 부모의 목소리로 쉽게 안정된다.

 "괜찮아, 같이 있자."라는 말이 편도체의 과잉 반응을 진정시킨다.

5. 해마(Hippocampus) — 기억의 지도 제작자

경험을 학습과 기억으로 바꾸는 역할. 스트레스에 약하고, 안정된 환경에서 잘 발달한다.

 아이와 경험을 말로 함께 정리해 주면 해마가 활발히 작동한다.

6. 전대상피질(Anterior Cingulate Cortex, ACC) — 공감과 갈등의 중재자

타인의 감정을 읽고 갈등을 조율한다. 초등 저학년부터 발달하며 또래관계에서 강화된다.

 "네 마음이 이해돼."라는 공감의 언어가 ACC를 키운다.

7. 소뇌(Cerebellum) — 균형과 리듬의 설계자

몸의 균형과 운동 조절을 담당할 뿐 아니라, 최근 연구에서는 언어와 주의력에도 깊은 역할을 하는 것으로 밝혀졌다. 유아기의 뛰기·달리기·놀이 활동이 소뇌를 발달시켜 학습의 기초 체력을 만든다.

 아이가 많이 뛰고 놀도록 두면 집중력과 학습 태도까지 함께 자란다.

8. 거울뉴런(Mirror Neurons) — 공감과 모방의 신경망

타인의 행동을 보며 뇌가 마치 직접 하는 것처럼 반응하는 신경세포. 영아기의 "따라 하기" 놀이부터, 초등의 사회성·공감 능력까지 이 신경망이 깊이 관여한다.

 부모가 먼저 웃고 차분한 말투를 보여주면, 아이 뇌의 거울뉴런이 그 모습을 그대로 학습한다.

 엄마의 말투가 바뀌면 아이 뇌는 기적이 일어난다

9. 시상(Thalamus) — 감각의 관문

오감으로 들어온 정보(소리, 빛, 촉감)를 대뇌피질로 전달하는 중계 센터다. 유아기는 감각 경험이 뇌 연결망을 폭발적으로 넓히는 시기이므로, 다양하고 긍정적인 자극이 중요하다.

TIP "이 소리 어떤 느낌이야?"와 같이 감각을 언어로 연결해 주면 시상이 더 정교해진다.

10. 측좌핵(Nucleus Accumbens, NAcc) — 동기와 보상의 회로

새로운 도전과 성취에 반응하는 보상 회로의 핵심이다. 도파민 분비와 연결되어 동기와 즐거움을 불러온다. 아이의 작은 성공을 인정하고 칭찬하면 측좌핵이 활성화되어, "도전 → 성취 → 기쁨"의 학습 고리가 단단히 자리 잡는다.

TIP "해냈구나! 네가 노력한 걸 보니 기뻐."라는 칭찬이 측좌핵을 강화한다.

각 기질은 장단점이 아니라 아이의 성장 자원이다. 부모와 교사는 아이가 가진 기질적 강점을 존중하면서, 부족한 영역은 환경·언어·경험으로 보완할 수 있다.

1. 감성형(감정이 풍부한 아이)

발달 뇌 영역: 편도체(Amygdala), 전대상피질(Anterior Cingulate Cortex, ACC), 우측 전측두엽(Anterior Temporal Lobe).

연구 근거: Decety & Jackson, 2004 — 공감 뇌 연구.

성장 지원: 감정을 억누르지 않고 표현 기회를 제공. 미술·음악 활동 권장. "네 마음을 알아."와 같은 공감 언어 반복.

부모 코멘트: "이 아이는 따뜻한 마음과 예술적 감수성에서 빛난다."

2. 사교형(관계와 상호작용을 즐기는 아이)

발달 뇌 영역: 거울신경계(Mirror Neurons), 전전두피질(Prefrontal Cortex, PFC), 측좌핵(Nucleus Accumbens).

연구 근거: Rizzolatti & Craighero, 2004 — 거울신경계와 사회성 연구.

성장 지원: 협력 활동·역할놀이 제공. 리더십 기회와 동시에 자기조절 훈련 병행.

부모 코멘트: "이 아이는 사람 사이에서 웃음과 에너지를 전할 때 빛난다."

 엄마의 말투가 바뀌면 아이 뇌는 기적이 일어난다

3. 신중형(조심스럽고 느리게 적응하는 아이)

발달 뇌 영역: 전전두피질(Prefrontal Cortex, PFC), 해마(Hippocampus), 편도체(Amygdala).

연구 근거: Kagan, 1997 — 기질과 낯가림 연구.

성장 지원: 단계적 노출·충분한 준비시간. "천천히 해도 돼."라는 확신의 언어 제공.

부모 코멘트: "이 아이는 깊이 있는 생각과 책임감 있는 선택에서 빛난다."

4. 온순형(안정과 예측을 선호하는 아이)

발달 뇌 영역: 전대상피질(Anterior Cingulate Cortex, ACC), 해마(Hippocampus), 하부 전전두피질(Inferior Prefrontal Cortex).

연구 근거: Tottenham et al., 2011 — 안정 애착과 뇌 발달 연구.

성장 지원: 일정한 생활 루틴·일관된 반응 유지. 자기 목소리를 낼 기회 의도적으로 제공.

부모 코멘트: "이 아이는 평화롭고 조화로운 관계를 만들 때 빛난다."

5. 즉흥형(탐험과 즉각 반응이 특징인 아이)

발달 뇌 영역: 측좌핵(Nucleus Accumbens 보상과 동기 회로), 도파민 회로(Dopamine Circuit), 우측 전두엽(Right Prefrontal Cortex).

연구 근거: Dalley et al., 2011 — 충동성과 도파민 연구.

성장 지원: 자유 탐험 허용+기본 규칙 제공. 창작 활동 권장. "충동 →멈춤→실행" 작은 루틴 반복.

부모 코멘트: "이 아이는 새로운 아이디어와 웃음을 전할 때 빛난다."

6. 집중형(몰입과 성실성이 강한 아이)

발달 뇌 영역: 배외측 전전두피질(Dorsolateral Prefrontal Cortex, DLPFC), 전두-두정 주의망(Fronto-Parietal Attention Network), 해마(Hippocampus).

연구 근거: Posner & Petersen, 1990 — 주의망 이론.

성장 지원: 몰입 존중·작은 성취 누적. 사회적 상호작용 경험 병행.

부모 코멘트: "이 아이는 꾸준한 몰입과 성실함 속에서 빛난다."

7. 호기심형(질문과 탐구가 많은 아이)

발달 뇌 영역: 해마(Hippocampus), 전전두피질(Prefrontal Cortex, PFC), 보상회로(Reward Circuit).

연구 근거: Gruber et al., 2014 — 호기심과 기억 연구.

성장 지원: 질문을 차단하지 않고 "같이 생각해보자."로 반응. 탐구·실험 기회 제공. 질문 일기 활용.

부모 코멘트: "이 아이는 질문과 상상력 속에서 세상을 확장할 때 빛난다."

8. 활동형(신체 에너지가 풍부한 아이)

발달 뇌 영역: 운동피질(Motor Cortex), 소뇌(Cerebellum), 기저핵(Basal Ganglia), 실행기능 회로(Executive Function Network).

연구 근거: Diamond, 2000 — 운동과 실행기능 발달 연구.

성장 지원: 신체 활동 충분히 제공. 움직임 후 호흡·스트레칭으로 차분한 루틴 병행.

부모 코멘트: "이 아이는 움직이며 배우고 도전할 때 빛난다."

아이와 부모가 가장 자주 마주치는 상황을 정리했다.

연령별 뇌 발달 특성에 맞춘 대화 예시를 통해 바로 활용할 수 있다.

1. 0~2세(뇌간 발달기)

상황: 밤에 자꾸 깨서 울 때

잘못된 반응: "왜 또 울어!"

올바른 반응: "괜찮아, 엄마가 여기 있어."

2. 3~5세(변연계 발달기)

상황: 장난감 때문에 떼쓰기

잘못된 반응: "안 돼, 안 사줘."

올바른 반응: "○○이가 정말 갖고 싶구나. 그런데 지금은 사줄 수 없어. 대신 다른 방법을 찾아보자."

3. 6~9세(전두엽 발달기)

상황: 숙제를 미루는 아이

잘못된 반응: "빨리 안 해?"

올바른 반응: "이 숙제를 먼저 할까, 저 숙제를 먼저 할까? 네가 순서를 정해봐."

부모는 단순한 지시자가 아니라 뇌 발달 안내자가 된다.

1. 0~2세(영·유아) 25가지 상황

상황	Before	After	뇌 설명
1. 젖/수유 거부	"왜 또 안 먹어!"	"지금은 배가 덜 고프구나, 잠깐 쉬자."	위협 언어→편도체 과흥분↓, 예측 가능한 톤→세로토닌 안정
2. 이유식 거부	"안 먹으면 안 돼!"	"한 숟가락 맛부터 보자, 냄새도 맡아보자."	강압↓, 감각 탐색↑→해마에 긍정 경험
3. 낮잠 거부	"빨리 자!"	"지금은 쉬는 시간, 엄마 목소리로 같이 숨 쉬자."	호흡 동조→자율신경 안정, 수면 전 루틴→PFC 예측
4. 밤중 각성	"왜 또 깨!"	"깼구나, 엄마 여기 있어. 다시 포근하게 해줄게."	애착 신호→옥시토신↑, 편도체 진정
5. 잠자리 루틴 거부	"그만 울고 누워!"	"노래-책-불끄기 순서, 오늘도 똑같이 해 보자."	일관 루틴→예측성↑, 스트레스 회로↓
6. 기저귀 갈기 거부	"가만히 있어!"	"갈고 나면 상쾌해, 다 되면 박수!"	긍정 프레임→보상회로(측좌핵) 자극
7. 목욕 거부	"또 칭얼대?"	"따뜻한 물이 반가울 거야, 손부터 퐁당."	점진 노출→편도체 민감도↓
8. 카시트 거부	"앉아!"	"안전하게 앉는 게 규칙, 앉으면 노래 시작!"	안전 프레임+즉시 보상→PFC 규칙화
9. 낯가림	"왜 인사 못해?"	"낯설지, 천천히 보고 손 흔들 준비되면 하자."	통제감 부여→불안 회로↓
10. 분리불안	"그만 울어!"	"엄마는 꼭 돌아와. 모래시계 다 되면 만난다."	시간 단서→예측 가능, 해마에 안전 기억

상황	Before	After	뇌 설명
11. 치아 나기 통증	"안 아파!"	"잇몸이 욱신하지? 차가운 치발기로 도와줄게."	감각 공감→편도체 진정, 대안 제시
12. 물기/ 깨물기	"물면 혼나!"	"물고 싶을 땐 장난감을 물어, 사람은 만져."	금지→대체 행동 매핑→PFC 실행
13. 음식 던지기	"왜 던져!"	"그릇은 식탁, 던지는 건 바구니에."	행동 경계+대체 통로→습관 회로 재배선
14. 머리카락 잡기	"아프다니까!"	"머리는 쓰담쓰담, 잡고 싶으면 인형 머리를 만져."	금지→대체 감각 입력
15. 위험 지역 기어감	"안 돼!"	"여긴 위험, 노란 테이프 밖은 안전."	시각 경계 신호→위험 회로 학습
16. 콘센트 만지기	"손 떼!"	"여긴 '위험 빨강', 만질 건 파란 블록."	색-규칙 연합→PFC 억제 학습
17. 계단 오르기 집착	"내려와!"	"손잡고 한 칸씩, 올라가면 하이파이브."	안전 스캐폴딩→자기효능감↑
18. 큰 소리 놀람	"별거 아냐!"	"깜짝 놀랐지? 소리는 지나가고 우린 안전해."	감정 명명+안전 재확인→편도체↓
19. 병원 두려움	"울지 마!"	"의사 선생님이 검사하고 스티커 줄 거야."	예측 스토리→불확실성↓
20. 예방접종	"가만히 있어!"	"따끔 3초, 끝나면 꼭 안아줄게."	시간 한정+애착 보상
21. 유모차 거부	"타!"	"타면 공원까지 빨리 가, 바퀴 소리 들어볼래?"	목표 프레임+감각 전환
22. 옷 입기 울음	"입으라면 입어!"	"코끼리 코~ 팔~ 게임으로 통과!"	놀이화→도파민↑, 저항↓
23. 수면용품 집착	"빨리 떼!"	"작별 인사하고 침대 옆에 쉬게 하자."	급단절 대신 점진 분리→불안↓
24. 물건 집착/ 빼앗김 울음	"그만해!"	"잠깐 쥐고 있다가 교환 놀이하자."	소유→교환 학습으로 전환
25. 엄마 화난 톤에 경직	"왜 울어 또!"	"엄마도 진정 중, 곧 부드럽게 말할게."	부모 자기조절 모델링→안전 재학습

2. 3~5세 (유아) ─ 35가지 상황

상황	Before	After	뇌 설명
1. 장난감 나눔 거부	"이기적이야!"	"먼저 3분 사용, 타이머 후 교대하자."	시간·순서 규칙→ PFC 계획
2. 마트 떼쓰기	"그만 울어!"	"갖고 싶구나. 오늘은 사진 찍어 '소원 리스트'에."	욕구 인정+대안 저장 →충동↓
3. 배변 실수	"왜 못해!"	"괜찮아. 다음엔 신호 느끼면 알려줘."	수치감↓→ 해마에 학습 기억
4. 어둠/괴물 두려움	"별일 아니야!"	"무서움은 자연스러워, 괴물 탐지 손전등!"	두려움 명명+ 통제감↑
5. 악몽	"그만 자!"	"꿈은 영화 같아. 끝을 바꾸는 이야기 만들자."	재각본화→ 편도체 진정
6. 등원 거부	"빨리 가!"	"울 수 있어. 선생님 만나서 사진 한 장 보내줘."	감정 허용+작은 목표
7. 하원 폭발	"왜 이래!"	"집에 오면 먼저 간식·꿀포옹 2분."	전이 루틴→ 코르티솔↓
8. 특정 옷 고집	"아무거나 입어!"	"선택지 두 개 중 하나 골라볼까?"	제한된 선택→ 자율성↑
9. 간식 추가 요구	"안 돼!"	"간식은 하루 두 번 규칙, 물 먼저 마시자."	규칙 일관성→ 예측성↑
10. 스크린 더 보기	"끄라니까!"	"영상 끝나면 타이머 울리고 끈다─다음 놀이는 레고."	종료 신호+ 대체 활동
11. 놀이터 귀가 거부	"당장 와!"	"마지막 미끄럼 3번, 그 다음 집으로."	끝맺음 의식→ 저항↓
12. 때리기/밀기	"손 들면 혼나!"	"손은 도와줄 때 써. 화나면 말풍선 카드로 말해."	금지+대체 의사소통
13. 고함치기	"조용히 해!"	"실내 목소리 스티커, 사용하면 별점."	자기조절 시각화

상황	Before	After	뇌 설명
14. 새 반/ 새 선생님 불안	"괜찮다니까!"	"새로운 건 긴장돼. 교실 지도를 함께 그리자."	예행연습→ 불확실성↓
15. 낯선 어른 인사 회피	"인사해!"	"손 흔들기·미소·말하기 중 고를래?"	단계적 노출+ 선택권
16. 발표(쇼앤텔) 거부	"빨리 해!"	"먼저 엄마에게 연습, 준비되면 손 들어."	연습→ 자기효능감↑
17. 놀이에서 지고 울음	"그게 뭐가 대수야!"	"지면 속상해. 다음 판 전략을 같이 짜자."	감정 공감→ 문제해결 회로
18. 규칙 어김	"왜 말을 안 들어!"	"규칙은 모두의 안전. 어기면 '재시작' 신호."	규칙-결과의 일관성
19. 정리 거부	"치워!"	"정리 노래 1곡 동안 분류 게임!"	놀이화→도파민↑
20. 물건 어질러놓음	"지저분해!"	"블록은 파란통, 인형은 노란통."	시각 카테고리→PFC 정리
21. 친구 물건 가져옴	"도둑이야?"	"정말 갖고 싶었구나. 내일 '교환·반환' 연습하자."	낙인↓, 복원적 행동 학습
22. 고자질 과다	"쓸데없어!"	"도움이 필요한 일/그냥 알려주는 일 구분해보자."	메타인지↑
23. 보스처럼 군림	"상대도 생각해!"	"리더는 돌아가며. 오늘은 네가 '배려 미션'."	리더십 재정의→공감 회로
24. '왜?' 폭탄	"그만 물어봐!"	"3가지 왜 중 1개 골라 깊게 탐구하자."	호기심 집중→해마 강 화
25. 끼어들기	"조용!"	"대화 돌림판, 네 차례 표시되면 말해."	차례 대기→집행기능
26. 스스로 옷 입기 좌절	"느려!"	"팔 소매 성공! 다음은 지퍼 도전?"	과정 칭찬→동기 회로
27. 목욕 거부	"빨리 들어가!"	"거품 무지개 실험하고 5분 샤워."	감각놀이+시간 한정
28. 편식	"다 먹어!"	"한 입 맛 보기·소스 선택권."	통제감↑→거부↓
29. 잠자리 지연	"빨리 자!"	"이야기 1편 후 불 끄기—매일 같은 순서."	루틴→멜라토닌 리듬

상황	Before	After	뇌 설명
30. "엄마/아빠 싫어"	"뭐라고?!"	"지금 화났구나. 마음 가라앉으면 다시 말해줘."	감정-언어 분리 훈련
31. 동생 질투	"왜 질투해!"	"엄마 시간 '번갈아 10분'. 네 차례를 지킨다."	공정성 시각화
32. 생일·선물 질투	"그만 떼써!"	"오늘은 친구 날, 네 생일엔 우리가 축하."	역할 바꾸기 상상→공감
33. 사과하기 싫음	"당 장 사 과 해!"	"상대 마음 추측→내 마음 표현→사과."	공감→복원적 정의
34. 공감 배우기	"착하게 해!"	"그 표정은 어떤 기분일까?"	감정 추론→거울뉴런 활성
35. 상상 거짓말	"거짓말하면 나빠!"	"상상과 사실을 구분해보자. 이야기는 놀이 시간에."	사실-상상 구획→PFC 발달

3. 6~9세(초1-초3) — 40가지 상황

상황	Before	After	뇌 설명
1. 숙제 미룸	"빨리 해!"	"10분 타임박스 후 2분 휴식—네가 타이머 잡아."	자기조절 루프→PFC 강화
2. 숙제 거부	"하기 싫으면 하지 마!"	"왜 하기 싫은지 1가지 말하고, 시작을 가장 쉬운 문제로."	저항 원인 명명→진입 장벽↓
3. 계획 세우기 어려움	"정리 좀 해!"	"오늘 3칸 계획표—할 일/시간/보상."	실행기능 시각화
4. 수학 막혀 분노	"그게 뭐가 어렵니!"	"막힌 지점 표시→다른 전략 1개 시도."	전략 전환→유연성 회로
5. 받아쓰기 좌절	"왜 또 틀려!"	"틀린 글자 패턴 찾고 '오답 카드' 만들자."	오류 피드백→해마 강화
6. 성적 실망	"부족했네."	"이번에 배운 것 2개, 다음에 바꿀 것 1개."	성장 프레임→동기 회로
7. 시험 불안	"별거 아냐."	"호흡 4-6, '준비된 만큼' 자기암시."	자율신경 안정→불안↓

상황	Before	After	뇌 설명
8. 완벽주의	"완벽할 순 없어!"	"초안-수정-발표 3단계로 나누자."	단계화→과부하↓
9. 또래 비교	"남도 하는데!"	"어제의 너와 오늘의 너를 비교하자."	자기기준→자존감 회로
10. 발표 불안	"해봐!"	"거울 앞 2회 연습→친구 1명 앞→전체."	단계 노출
11. 발표 준비 막막	"알아서 해."	"서론·본론·결론 템플릿으로 메모."	구조화→PFC 지원
12. 틀릴까 두려움	"틀려도 돼."(끝)	"틀린 뒤 할 3가지: 고치기·메모·공유."	사후 전략 학습
13. 수행평가 압박	"점수 중요해!"	"성과·과정 기준 각각 1개 정하자."	외적→내적 기준 전환
14. 학원 가기 싫음	"무조건 가!"	"왜 싫은지 기록→대안 일정 1회 시험."	감정-문제 해결 연결
15. 영단어 암기 힘듦	"외워!"	"카드 7장만—간격 반복."	분산 학습→기억 회로
16. 체육·음악 회피	"다 해야지!"	"관찰→따라하기→혼자 해보기 3단계."	모델링→자기효능
17. 책 읽기 싫음	"읽어!"	"주제 고르고 10분 읽고 '한 줄 감상'."	선택+짧은 목표
18. 집중 끊김	"산만해!"	"시작 종소리·끝 종소리로 몰입 구간 만들자."	주의 전환 신호
19. 영상만 찾음	"그만!"	"영상 후 '만들기 미션'으로 전환."	소비→생산 전환
20. 게임 시간 갈등	"끄라니까!"	"주·말 시간표를 함께 작성하여 계약."	예측 가능 계약
21. 전원 끄기 전환	"지금 꺼!"	"저장→인사→종료 3단계."	종료 의식→저항↓
22. 등교 준비 독립	"왜 또 늦어!"	"체크리스트로 스스로 체크."	외적 통제→내적 관리
23. 준비물 잊음	"또 까먹었어!"	"전날 가방 '예행연습' 3분."	절차 기억 강화
24. 책상·가방 정리	"엉망!"	"버리기·보관·모르겠음 3분류."	의사결정 단순화

상황	Before	After	뇌 설명
25. 숙제 했다고 거짓말	"속였지!"	"진행 상태를 색 스티커로 표시."	투명화→정직 회로
26. 부정행위 유혹	"한 번쯤은…"	"정직 서약 카드—스스로 서명."	도덕성 실행 강화
27. 책임 회피	"핑계 대지 마!"	"내 몫·환경 탓·학습점 3줄 기록."	메타인지·책임 분별
28. 학교 가기 싫다	"가기나 해!"	"싫은 이유 TOP3→완화 방법 1개 선택."	이유 명료화→불안↓
29. 전환 어려움(놀이→학습)	"그만 놀아!"	"5분 전 예고→타이머 종료→ 시작 의식."	전환 신호
30. 경기에서 패배	"왜 졌어!"	"잘한 점 2·배울 점 1."	복기 루틴→회복 탄력성
31. 코치/선생님 피드백 방어	"변 명 하 지 마!"	"사실-느낌-다음 행동 순으로 말해보자."	비난→성찰 전환
32. 연습 꾸준함 부족	"의 지 가 없어!"	"습관 고리(시간·장소·신호)를 만들자."	습관 회로 강화
33. 글쓰기 수정 싫어함	"고쳐!"	"수정은 보물찾기—세 가지만."	과제 축소→실행↑
34. 악필 교정 거부	"못 알아봐!"	"좋아하는 문장 하루 2줄 천천히."	미세운동·주의력
35. 말대꾸/눈굴림	"버릇없어!"	"지금은 감정 과열, 3분 뒤 다시 말하자."	휴지기→편도체 진정
36. 욕설 배워옴	"다 신 하 지 마!"	"그 말은 상처. 대신 쓸 단어를 정하자."	억제+대체 언어
37. 친구 소문·가십	"관 여 하 지 마!"	"사실·의견 구분표를 함께 채우자."	비판적 사고 회로
38. 비밀 지키기 딜레마	"다 말해!"	"위험·안전 비밀 구분법을 배우자."	경계 설정·안전 교육
39. 도움 요청 못함	"왜 혼자 하니!"	"손 들 신호·문장 템플릿을 연습."	요청 스크립트→불안↓
40. 리더십 vs 독단	"명 령 하 지 마!"	"역할 나누기·의견 듣기 체크리스트."	사회적 실행 기능 강화

- 각 표의 After 문장은 아이의 감정 인정 → 선택/예측 제공 → 대안/과정 제시의 흐름을 따른다.
- 뇌 설명은 부모가 "왜 이 말투가 효과적인지"를 한눈에 이해하도록 설계했다.
- 가정에서는 하루 1~2개 상황부터 시작해 Before→After 전환을 습관화하자.

부모가 스스로 말투를 점검하고 성장할 수 있는 도구이다.

1. 일일 성찰표

오늘 아이에게 웃으며 말했는가?

부정적 말투보다 긍정적 말투가 많았는가?

2. 주간 성찰표

아이의 감정을 공감해 준 순간은 몇 번이었는가?

갈등 상황에서 차분히 대화했는가?

3. 월간 성장표

아이와의 관계가 좋아졌다고 느끼는가?

내 말투가 달라졌다고 주변에서 피드백을 받았는가?

부모는 연령별 뇌 특성을 이해해야, 적절한 말투로 아이를 도울 수 있다. 다음은 뇌 발달 단계와 부모 대화법을 한눈에 볼 수 있는 요약표이다.

연령	뇌 발달 특징	필요한 대화	금기 대화
0~2세	뇌간 발달, 애착·생존 중심	"괜찮아, 엄마가 있어."	무시, 방치
3~5세	변연계 발달, 감정·기억 급성장	"화가 났구나."	감정 억압
6~9세	전두엽 발달, 사고·계획 능력 확장	"어떻게 생각해?"	일방 지시

부모와 교사들이 가장 자주 묻는 질문을 뇌과학과 교육학적 근거로 정리했다.

Q. 아이가 계속 거짓말을 해요. 어떻게 해야 하나요?

→ 거짓말은 3~5세의 자연스러운 발달 과정입니다. 처벌 대신 감정을 묻고 사실을 구분하도록 대화하세요.

Q. 형제 간 싸움이 너무 잦아요.

→ 비교는 갈등을 악화시킵니다. "누가 잘했나"보다 "서로 다른 점을 합치면 더 강해진다"는 말투가 필요합니다.

추천 자료

- 다니엘 시겔, 『마음의 발견』
- 아델 다이아몬드, 집행기능 연구 논문

- 부모는 전문가의 시각을 참고하면서도, 일상 속 작은 말투 변화로 충분히 아이 뇌를 성장시킬 수 있다.
- 부록은 이 책의 '끝'이 아니라 부모와 아이가 함께 성장하는 시작점이다.

사례집은 현실적인 길잡이가 되고,

매뉴얼은 말투 전환의 나침반이 되며,

진단표는 부모 성찰의 거울이 되고,

요약표는 연령별 가이드가 되고,

Q&A는 흔들리지 않는 과학적 확신이 된다.

"부모의 말투는 매일 아이 뇌를 새롭게 설계한다."

이 부록은 그 설계도를 손에 쥐게 해 줄 도구다.

참고문헌

- Carozza, S., et al. (2024). Early environmental influences on white matter microstructure and cognitive outcomes in adolescence. Proceedings of the National Academy of Sciences, 121(8), e2315558121. → 아동기 환경이 뇌 백질 구조와 인지 발달에 미치는 영향을 분석한 하버드 의대 연구.
- Dalley, J. W., Everitt, B. J., & Robbins, T. W. (2011). Impulsivity, compulsivity, and top-down cognitive control. Neuron, 69(4), 680-694. → 충동성과 도파민 회로, 자기조절 연구.
- Decety, J., & Jackson, P. L. (2004). The functional architecture of human empathy. Behavioral and Cognitive Neuroscience Reviews, 3(2), 71-100. → 공감 뇌 구조와 작동 메커니즘 연구.
- Diamond, A. (2013). Executive functions. Annual Review of Psychology, 64, 135-168. → 집행기능(계획, 자기조절, 유연성) 발달 종합 연구.
- Dweck, C. S. (2006). Mindset: The new psychology of success. New York: Random House. → 성장 마인드셋과 고정 마인드셋이 학습과 성취에 미치는 영향.
- E•thofer, T., Anders, S., Erb, M., Herbert, C., Wiethoff, S., Kissler, J., ... Wildgruber, D. (2006). Effects of prosodic emotional intensity on activation of associative auditory cortex. NeuroReport, 17(3), 249-253. → 억양(말투)의 정서 강도가 뇌 청각피질과 감정 회로 활성에 미치는 영향.
- Gruber, M. J., Gelman, B. D., & Ranganath, C. (2014). States of curiosity modulate hippocampus-dependent learning via the dopaminergic circuit. Neuron, 84(2), 486-496. → 호기심이 해마·도파민 회로를 자극해 기억과 학

습을 촉진하는 연구.

• Hubel, D. H., & Wiesel, T. N. (1981). Brain mechanisms of vision. Scientific American, 241(3), 150-162. → 1981년 노벨생리의학상 수상자들의 시각피질과 뇌 발달 연구.

• Iacoboni, M. (2009). Imitation, empathy, and mirror neurons. Annual Review of Psychology, 60, 653-670. → 모방·공감과 거울뉴런 시스템 연구.

• Kandel, E. R. (2001). The molecular biology of memory storage: A dialogue between genes and synapses. Science, 294(5544), 1030-1038. → 2000년 노벨생리의학상 수상자 에릭 칸델의 기억과 뇌가소성 연구.

• Kandel, E. R., Schwartz, J. H., Jessell, T. M., Siegelbaum, S. A., & Hudspeth, A. J. (2013). Principles of neural science (5th ed.). New York, NY: McGraw-Hill. → 신경과학의 고전, 뇌 발달과 학습의 기본 원리.

• Lenneberg, E. H. (1967). Biological foundations of language. New York: Wiley. → 언어 습득의 결정적 시기 가설을 제시한 고전적 연구.

• Lieberman, M. D., Eisenberger, N. I., Crockett, M. J., Tom, S. M., Pfeifer, J. H., & Way, B. M. (2007). Putting feelings into words: Affect labeling disrupts amygdala activity in response to affective stimuli. Psychological Science, 18(5), 421-428. → 감정을 언어로 명명하는 것이 편도체 과잉 반응을 줄이고 전전두피질을 활성화하는 UCLA 연구.

• Paulmann, S., & Kotz, S. A. (2008). Early emotional prosody perception based on different speaker voices. NeuroReport, 19(2), 209-213. → 화자의 억양·감정 억양이 뇌의 초기 처리에 미치는 영향.

• Perry, B. D. (2002). Childhood experience and the expression of genetic potential: What childhood neglect tells us about nature and nurture. Brain and Mind, 3(1), 79-100. → 아동기 경험이 뇌 발달과 유전자 표현에 미치는 영향.

 엄마의 말투가 바뀌면 아이 뇌는 기적이 일어난다

- Porges, S. W. (2011). The polyvagal theory: Neurophysiological foundations of emotions, attachment, communication, and self-regulation. New York, NY: W. W. Norton. → 다중미주신경이론: 애착·자기조절·정서 조율의 생리적 기반.
- Posner, M. I., & Petersen, S. E. (1990). The attention system of the human brain. Annual Review of Neuroscience, 13, 25-42. → 인간 뇌의 주의 시스템 모델을 제시한 고전 연구.
- Rizzolatti, G., & Craighero, L. (2004). The mirror-neuron system. Annual Review of Neuroscience, 27, 169-192. → 거울뉴런 시스템과 사회성·공감 발달 연구.
- Thompson, P. M., Giedd, J. N., Woods, R. P., MacDonald, D., Evans, A. C., & Toga, A. W. (2000). Growth patterns in the developing brain detected by using continuum mechanical tensor maps. Nature, 404(6774), 190-193. → 뇌 발달의 결정적 시기를 추적한 USC/UCLA 공동 연구.
- Tottenham, N., Hare, T. A., & Casey, B. J. (2011). Behavioral assessment of emotion discrimination, emotion regulation, and cognitive control in childhood, adolescence, and adulthood. Developmental Psychology, 47(3), 803-816. → 유아기부터 성인기까지 감정 조절·인지 통제 발달 연구.
- Tversky, A., & Kahneman, D. (1981). The framing of decisions and the psychology of choice. Science, 211(4481), 453-458. → 프레이밍 효과: 언어와 맥락이 의사결정에 미치는 영향 연구.

〈추가 참고 자료〉

국내 연구 자료

- 한국뇌연구원 (2023). 뇌 발달과 교육 환경. 대전: 한국뇌연구원.
- 서울대학교 의과대학 신경과학교실 (2024). 아동 뇌 발달 연구 보고서.

교육 실무 관련 자료

• 교육부 (2022). 누리과정 해설서: 뇌과학 기반 유아교육. 세종: 교육부.

• 한국교육과정평가원 (2023). 뇌친화적 학습 환경 구축 방안 연구.

온라인 자료

• 사이언스타임즈 (2024). "두뇌 성장의 결정적 시기는 12살까지." https://www.
sciencetimes.co.kr

• 브레인미디어 (2024). "우리아이의 뇌, 연령별 발달 과정." https://www.
brainmedia.co.kr

엄마의 말투가 바뀌면
아이 뇌는
기적이 일어난다

1판 1쇄 펴낸날 2026년 1월 8일

지은이 하 은 Ha Un

펴낸이 나성원
펴낸곳 나비의활주로

책임편집 김정웅
디자인 BIG WAVE

전자우편 butterflyrun@naver.com
출판등록 제2010-000138호
상표등록 제40-1362154호
ISBN 979-11-93110-91-1 13590